# 室内装饰材料

主　编　雷　翔　郭益萍

副主编　郭丽敏　索晓东　李　亮

参　编　陈　晨　谢　京　卢建鑫

北京理工大学出版社

BEIJING INSTITUTE OF TECHNOLOGY PRESS

# 内 容 提 要

本书涵盖了常用的各类室内装饰材料及相关工艺，旨在帮助学生深入理解和掌握不同材料的特性、应用和选择原则，深入解析其性能、特点及在设计中的应用。教材内容融合时代发展和行业趋势，对接新技术、新材料、新工艺、新规发，衔接"1＋X"证书及职业技能大赛要求，通过案例分析和实际项目练习，帮助学生将理论知识与实践相结合，提高其材料选择和搭配的专业水平。丰富的数字化配套资源和工具书式的编排方法使教学更生动直观，帮助学生打下扎实的专业基础。

本书可作为高等院校建筑室内设计、室内艺术设计等专业的教材，也可作为相关从业人员的参考书。

**图书在版编目（CIP）数据**

室内装饰材料 / 雷翔，郭益萍主编 . -- 北京：北京理工大学出版社，2024.3
　　ISBN 978-7-5763-3708-2

Ⅰ．①室… Ⅱ．①雷… ②郭… Ⅲ．①室内装饰－建筑材料－装饰材料－高等学校－教材　Ⅳ．① TU56

中国国家版本馆 CIP 数据核字（2024）第 058053 号

| | | | |
|---|---|---|---|
| **责任编辑：** 江　立 | | **文案编辑：** 江　立 | |
| **责任校对：** 周瑞红 | | **责任印制：** 王美丽 | |

**出版发行** / 北京理工大学出版社有限责任公司

**社　　址** / 北京市丰台区四合庄路6号

**邮　　编** / 100070

**电　　话** / (010) 68914026（教材售后服务热线）
　　　　　　 (010) 68944437（课件资源服务热线）

**网　　址** / http://www.bitpress.com.cn

**版 印 次** / 2024年3月第1版第1次印刷

**印　　刷** / 河北鑫彩博图印刷有限公司

**开　　本** / 787 mm×1092 mm　1/16

**印　　张** / 14

**字　　数** / 330千字

**定　　价** / 89.00元

# 前　言

　　室内设计是一门涵盖建筑、艺术、工程、环境科学等多学科知识的综合性专业，是技术与艺术的结合。它以人为本，通过对空间的规划、设计、装修和布置等一系列过程，创造出艺术性、实用性、舒适性、安全性、环保性等多方面兼备的室内环境，以满足人们在生活、工作、学习等方面的需求。因此，学习室内设计需要构建一个层层递进的综合性能力体系。

　　具体来说，室内设计与学习烹饪很像。学做厨师首先要学习基本烹饪工具的用法，如怎样使用燃气灶、烤箱、蒸箱，怎样使用锅碗瓢盆等；而室内设计就要先学习使用各种软件如 AutoCAD、3ds Max、Photoshop 等的用法，学习如何用尺、如何量房，学习基本的手绘技法等，从而掌握最基础的设计工具、具备最基本的表达能力。

　　打好了工具基础以后，接下来就应该深入了解各种食材的种类、特性和具体的烹调方法了，正所谓"巧妇难为无米之炊"，不认真逐一认识和了解各类食材，即使烹饪工具使用得再炉火纯青，也无法烹饪出美味佳肴；而室内设计也是一样，需要充分学习和掌握每一类常用材料的规格、性能和施工要点，才能在设计的过程中有材可用，也才能在施工的过程中把控质量。因此，装饰材料这门课程，在室内设计职业能力的构建中处于承上启下的位置，具有重要的支撑作用。室内设计的本质，就是对装饰材料的"调兵遣将"，只有充分了解和把握每一类装饰材料，才能在室内设计的职业实践中得心应手，做到"用兵如神"。

　　其实到这个阶段，已经可以完成基本的工作了。但是想要在职业道路上走得更远、更好，还需要进一步养成良好的职业素养、不断提升个人修养，充分锻炼团队协作能力和沟通能力，融入艺术原理、美学技法和创意能力，拓展营销、管理和财务能力，成长为一名技术与艺术完美融合的优秀从业者。因此，专业课程的教学绝不应该局限于知识点的罗列，而应该注重职业能力的构建和职业素养的培养。装饰材料的学习也是如此。

以上是本书编写团队在长期教学实践和教改研究中的理解和共识。基于以上理念，本书的编写主要遵循以下两点原则：

1. 岗位导向原则。本书紧贴时代发展和行业趋势，基于学情分析和岗位需求，以学生为中心，以实际工作需求为导向，基于"三全育人"理念，依托与赣州市室内装饰协会和多家装企的深度校企合作，充分结合行业一线的生产实际案例，配套丰富的教学资源（包括教学文件、微课视频、虚拟仿真资源等）和完善的在线教学平台，采用工作手册式和活页式设计理念，为师生提供适合课堂教学、快速查阅、自学提高的综合性、多功能装饰材料与工艺教材。

2. 课程思政原则。本书以党的二十大精神和习近平新时代中国特色社会主义思想为引领，强调全过程思政理念融入、思政元素凝练、思政行为参与，构建"锻造职业素养、培养家国情怀、感悟科技文明"三个维度的思政框架体系，帮助学生提升专业能力和职业素养，培育"知材善用"的室内设计能工巧匠。

本书由江西应用技术职业学院雷翔和郭益萍担任主编，由江西应用技术职业学院郭丽敏、索晓东和赣州市九艺装饰设计工程有限公司李亮担任副主编，江西应用技术职业学院陈晨、谢京、卢建鑫参与了本书的编写工作。本书编写过程中，得到江西应用技术职业学院设计工程学院凌小红院长的悉心指导和大力支持，还得到赣州市室内装饰协会、赣州市九艺装饰设计工程有限公司及多家校企合作单位、企业专家的充分指导和协作，在此一并表示衷心的感谢。

由于时间仓促，编者水平有限，书中难免存在错漏和不足之处，敬请各位读者批评指正。

编　者

| 室内装饰材料手册使用总览 | | |
|---|---|---|
| **典型工作任务描述** | | |
| 室内装饰装修，本质上就是对室内装饰材料的"调兵遣将"和综合运用；室内装饰材料本身质量的优劣及选用的合理与否，决定了设计方案水平和工程质量的高低。一方面，对于一个装饰工程来说，工程的质量往往取决于材料的质量，工程的成本也在很大程度上取决于材料的价格；另一方面，从课程体系上来说，这门课程处在一个承上启下的重要位置，是对室内装饰材料及相关的施工工艺、施工流程、室内装修施工的应知应会等融会贯通地进行系统学习 | | |
| **总体目标与要求** | | |
| 素养总目标 | 成为有家国情怀、有严谨态度、有扎实学识、有丰富经验，能够"知材善用"的高素质室内设计能工巧匠 | |
| 知识总目标——知材 | 1. 了解建筑装饰材料的基本作用和意义；了解室内装饰施工的作用、特点和家装基本流程；熟悉家装/工装的承包方式和特点；了解装修污染物种类和处理。<br>2. 熟悉常用装饰材料的种类、规格、性质和特点。<br>3. 熟悉常用装饰材料的基本工艺做法和构造原理，熟悉材料施工的基本流程、要求和注意事项。<br>4. 了解常用装饰材料的市场动态、品牌信息和价格区间 | |
| 技能总目标——善用 | 1. 能够根据具体项目和实际要求，合理选择材料、科学使用装饰材料。<br>2. 能够依据具体材料和不同情况，选择合适、保质、高效、经济的工艺做法。<br>3. 能够把握行业发展趋势，把握新技术、新工艺、新规范 | |
| **对接证书：室内设计"1＋X"证书（中级）** | | |
| 对应技能点 | 1. 能基于项目需求对材料市场情况进行分析研判。<br>2. 能够根据项目情况组织开展主材及配饰选型工作。<br>3. 能够把控方案设计中涉及的材料与技术问题。<br>4. 能够对室内装饰构造/材料工艺进行深化设计。<br>5. 能够根据施工工艺、构造与材料特性对空间设计进行调整和细部创作。<br>6. 能够制作材料样板与主材控制文件。<br>7. 能够根据施工图编写施工工艺指导书。<br>8. 能够依据施工图及概预算确定装修材料。<br>9. 了解现场施工流程、施工工艺 | |
| 对应考点 | 1. 理论考核：室内装饰材料构造知识（掌握）。<br>2. 技能操作：能够正确、合理选用材料绘制施工图（掌握） | |
| **对接比赛：职业院校技能大赛——GZ009建筑装饰数字化施工赛项** | | |
| 对应模块 | 模块一<br>建筑装饰方案设计 | 模块二<br>建筑装饰施工图深化设计 | 模块三<br>施工项目管理 |
| 对应考点 | 提供初步设计方案，包括平面和立面设计图 | 明确需要完成的节点<br>剖切位置和深化设计的内容，提交材料表、剖面和详图、部品和部件的加工图等 | 为分项工程的工程量清单编制；并在此基础上完成工料的分析 |
| 内容衔接 | 1. 能够正确识别装饰材料的类别、名称、用途、用法；<br>2. 能够根据要求和用途，科学合理地选择合适的装饰材料和施工工艺进行建筑装饰方案设计；<br>3. 能够发现错误、不合理的材料与工艺的选择和使用 | | |

| 对接比赛：职业院校技能大赛——GZ055 环境艺术设计赛项 | | | |
|---|---|---|---|
| 对应模块 | 模块一<br>专业基础及手绘构思设计方案 | 模块二<br>效果图、施工图绘制 | 模块三<br>竞赛总结及展示 |
| 对应考点 | 手绘室内平面布局草图；手绘体现主题的装饰贴图附构思创意过程草图；手绘主题装饰元素草图；手绘体现主题元素的彩色界面草图 | CAD 绘制平面图、顶面图各一张；CAD 绘制构造节点图三个；编写主材清单(10 个品种以上，含规格 )；根据设计方案完成重点角度室内效果图 | 编写 600 字以上设计总说明；将前期任务全部汇总于统一的展板中 |
| 内容衔接 | 1. 能够正确识别装饰材料的类别、名称、用途、用法；<br>2. 能够根据要求和用途，科学合理地选择合适的装饰材料和施工工艺进行室内装饰方案设计；<br>3. 能够发现错误、不合理的材料与工艺的选择和使用 | | |
| **流程与要点** | | | |
| 任务目标 | 查阅每个学习任务的具体内容，明确学习目标 | | |
| 任务分析 | 通过素养、知识和技能三个层面分析本次学习任务 | | |
| 任务计划 | 明确完成本次任务需要学习的材料内容、操作步骤、人员分工等 | | |
| 任务实施 | 通过课堂教学、网络平台、实训基地实施学习任务 | | |
| 质量检查 | 1. 思考小结：对照本任务内容学习目标进行学习小结和思考；<br>2. 课后练习：对关键素养点、知识点和技能点进行随堂练习，并在课后完成学习平台中的拓展练习，及时完成期中 / 期末考试 | | |
| 评价反馈 | 1. 学生自评：根据思考小结和课后练习的完成情况，对照学习目标，进行自我评价；<br>2. 教师评价：由老师进行点评与总结，提出指导意见，教师签字；<br>3. 学习心得：记录学习过程中的心得、体会、拓展资料和其他笔记 | | |
| 能力拓展 | 针对本次任务的拓展性自学活动，由教师指导，学生根据兴趣自行开展完成 | | |
| **要求与建议** | | | |
| 要求与建议 | 1. 基于深度校企合作，将教学内容与最新的、实际的项目案例结合教学；<br>2. 理论学习与图片、视频播放相结合；<br>3. 课堂教学与材料实训室或工地现场教学相结合。尽可能在整个教学流程中安排 1 ～ 2 次装修施工工地或完工项目的实地考察；<br>4. 充分结合建材市场考察调研等进行动态教学，帮助学生了解基本行情和价格；<br>5. 尽量按照实际施工流程和施工的先后顺序安排教学；<br>6. 充分利用网络教学平台、信息化教学手段和室内设计工作室的实训机制，让学生将被动学习和主动学习相结合，在实际项目中主动发现问题、提出问题、解决问题，培养学生良好的学习习惯和思维能力 | | |
| **查找与索引** | | | |
| 内容速查 | 通过手册前部目录形式的手册内容速查进行内容查询 | | |
| 边页索引 | 通过手册边页的模块指引进行翻阅 | | |
| **平台与资源** | | | |
| 课程平台 | https://mooc1-2.chaoxing.com/course/215866613.html | | |
| 配套资源 | 包括课件、微课视频、项目案例资料和各类配套资源 | | |

# 目录

# 项目1　室内装饰材料与施工概述

　　学习具体的材料品种之前，需要对装饰材料有一个总体的认识，搭建好一个系统的框架，就像一个功能齐备的柜子，可以很好地把接下来要学到的各种装饰材料及其规格、性能、特点和选用等纷繁多样的知识和技能分门别类地放置好，否则就会越学越乱，毫无章法。

　　同时，材料与施工是密不可分的。在学习一种材料的过程中，必须与工艺和构造的学习相结合，基于施工的流程进行串联和整理，并将职业素养和文化素养的提升融入其中，才能构建起扎实有用的职业能力。

# 任务1 室内装饰材料概述

| 任务目标 | |
|---|---|
| 应知理论 | 了解材料的相关意义，学习材料分类的基本方法 |
| 应会技能 | 能够对不同种类材料进行区分 |
| 应修素养 | 1. 了解学习"室内装饰材料"课程对职业能力构建的帮助。<br>2. 能够知材善用，打好扎实的职业根基 |

| 任务分析 | |
|---|---|
| 任务描述 | 室内装饰工程设计目标的实现和整体效果的达成，本质上来说是依托于装饰材料的选择和使用的。本次任务我们就要从整体上对装饰材料的意义、作用和分类进行了解和把握，为后面学习具体的材料种类打好基础 |
| 任务重点 | 装饰材料的分类 |
| 任务难点 | 装饰材料的防火等级；装饰材料的基本性能 |

| 任务计划 | | | |
|---|---|---|---|
| 任务点 | 1.1 室内装饰工程与装饰材料 | 1.4 | 装饰材料的分类 |
| | 1.2 装饰材料的意义 | 1.5 | 装饰材料的基本性质 |
| | 1.3 装饰材料的作用 | | |

| 任务实施 | |
|---|---|
| 实施步骤 | 发布任务（明确任务目标）—任务分析—任务计划—任务实施—质量检查—评价反馈—能力拓展 |
| 实施要点 | 在学习任务中做好任务分析、观察思考、小组讨论、小组代表发言、知识拓展、课后练习、自我评价、教师评价等环节 |
| 实施建议 | 详见手册使用总览：要求与建议 |

课件：室内装饰材料概述

微课：室内装饰材料概述

室内装饰材料概述全部插图

## ■ 1.1 室内装饰工程与装饰材料

1. 室内装饰工程

室内装饰工程与建筑主体工程紧密相连,是在原始建筑实体上进行的装饰装修,是建筑设计的继续与发展。建筑装饰工程通过合理运用装饰材料及其具备的功能、特性、形状、质感、图案、颜色等,为原始建筑物注入活力,从而使建筑空间具备符合设计意图的功能需求(如水电、收纳、居住、办公、休闲娱乐等)和审美需要(如简约式、中式、新中式、美式、欧式、工业风等不同风格)。

2. 装饰材料

建筑离不开材料,材料是构成建筑的物质基础。任何建筑都是将材料按一定的要求构筑而成的。装饰材料是指室内装饰工程中所运用到的各类材料。从事室内装饰的工程技术人员必须熟悉建筑材料和装饰材料的品种、性能、标准和检测试验方法,在不同的工程和使用条件下,能合理地选择材料,并能正确地使用材料,从而保证工程质量,做到经久耐用、经济合理(图1-1)。

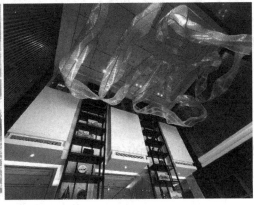

图1-1 某酒店大堂建筑毛坯与装修完成后的对比

## ■ 1.2 装饰材料的意义

1. 质量和成本,取决于材料和工艺

室内装饰工程的直接成本来源于材料价格和人工费用。因此,根据项目实际情况和要求,科学、合理地选用材料和工艺非常重要。这里的"合理"是指合适的品牌、价格、档次、用量,以及合适的工艺技法,但是无论如何材料和工艺的质量都必须符合相关标准,不能为了节约成本、攫取利润而偷工减料、以次充好。

2. 工艺的突破,来自材料的创新

人类历史上的很多变革都是由材料的变革所引发的。例如,在建筑行业中,水泥的应用推动了整个世界的面貌,从此走入现代主义(图1-2);在室内装饰工程中,木材旋切技术的诞生开启了胶合板等人造板材的时代,乳胶漆的诞生统一了室内墙面的涂刷方式,瓷砖技术地从无到有和日新月异使墙地饰面形态持续更新，从填缝剂到美缝剂也见证了填缝工艺的重大突破，各类收口材料的不断进化和层出不穷使装饰细节不断完善和精致。

图 1-2　材料的革新带来建筑方式的革新

## ■ 1.3　装饰材料的作用

　　室内装饰工程的基本内容和目的为保护/优化建筑空间、创造/改善使用功能、满足/营造审美氛围（表 1-1），就是将设计构思变成现实，把建筑空间的各界面用各种装饰材料做装饰处理，创造一个舒适、好用、美观的空间环境。而装饰材料的作用是通过自身的功能性和装饰性来实现以上目的（图 1-3）。

表 1-1　装饰材料的作用

| 序号 | 作用 | 说明 |
|---|---|---|
| 1 | 保护/优化建筑空间 | 保护了建筑本身，使建筑结构材料避免直接受到风吹、日晒、雨淋、冰冻等大气因素的影响，以及腐蚀性气体和微生物的作用，防止或减轻外力撞击，防止灼热高温、摩擦及辐射等损伤，从而使建筑物的耐久性提高，使用寿命延长；又保护了水电管线、通风管道、机电设备等隐蔽工程 |
| 2 | 创造/改善使用功能 | 为使用者创造了具体的使用功能，如防火、防潮、防滑、防渗漏、防辐射、耐磨、吸声隔声、保温、收纳、遮风、避雨、遮阳等 |
| 3 | 满足/营造审美氛围 | 通过不同的材质、肌理和色彩属性营造了不同的视觉/触觉效果和不同的风格，赋予建筑空间以美感 |

图 1-3 装饰材料的作用：保护建筑、创造功能、实现审美

## ■ 1.4 装饰材料的分类

  装饰材料的种类非常多，各类材料又有不同的品牌和规格。因此先了解装饰材料的分类，可以从整体上建立起对于装饰材料的知识框架，然后再分门别类地学习具体的材料就会更有条理、更易理解和把握。装饰材料的简易分类方法见表 1-2，扫描二维码查看完整版装饰材料的分类方法。

拓展学习：装饰材料的分类

表 1-2　装饰材料的分类方法（简）

| | |
|---|---|
| 按主次分类 | 主材、辅材 |
| 按材质分类 | 金属、非金属、复合材料 |
| 按装修部位（界面）分类 | 外墙面、内墙 / 柱面、楼地面、天花（顶棚）、其他部位 |
| 按工种分类 | 水电工程、泥工工程、木工工程、油漆工程、楼梯 / 门窗、软装 / 陈设 |
| 按构造分类 | 基体、骨架、基层、面层、收口 |
| 按材料形状分类 | 实材（原材）、板材、片材、线材、型材、管材 |
| 按防火等级分类 | A 不燃烧材料、$B_1$ 难燃烧材料、$B_2$ 可燃烧材料、$B_3$ 易燃烧材料 |

## ■ 1.5 装饰材料的基本性质

  了解装饰材料的物理、化学性质和美学性质有助于室内设计师选择合适的材料进行材料组合和搭配，提高施工质量和维护效果。同时，它还可以激发出创新和创意，使设计作品更具实用性和美感，提升设计师的专业能力和竞争力。简易的装饰材料的基本性质见表 1-3，扫描二维码查看完整版装饰材料的基本性质。

拓展学习：装饰材料的基本性质

表 1-3 装饰材料的基本性质（简）

| | | |
|---|---|---|
| **物理性质** | **质量相关** | 密度；表观密度；堆积密度；密实度；孔隙率 |
| | **水相关** | 亲水性和憎水性；吸水性；吸湿性；耐水性；抗冻性；抗渗性 |
| | **热相关** | 导热性；耐燃性；耐火性 |
| | **声学相关** | 吸声性；隔声性 |
| | **力学相关** | 强度；比强度；硬度；耐磨性；弹性；塑性；脆性；韧性 |
| **化学性质** | | 耐腐蚀性；耐候性；耐污染性；抗风化性 |
| **耐久性** | | 物理；化学；生物 |
| **美学性质** | | 颜色；光泽度；透明度；质感肌理；花纹图案；尺寸 |

## 🔊 成长小贴士 1-1

### 室内设计就是对装饰材料的"调兵遣将"

室内设计本质上就是考虑在室内各个界面上选用何种材料、如何使用材料的过程，例如，地面是用瓷砖还是石材，墙面是做油漆还是软包硬包，天花是纸面石膏板吊顶还是铝扣板吊顶等。室内设计就像打仗一样，是一个调兵遣将的过程。既然是要调兵遣将，首先要知道自己手下有哪些兵哪些将；其次要充分了解每一个将士的性格和能力，才能用好兵和将、从而打胜仗。

同样的道理，对于装饰工程来说，需要了解可以用到的材料有哪些，然后充分了解每一种材料的性能、规格、适用范围和使用要求，这样才能做好设计、做好施工。这也正是学习本门课程的根本目的和应该达到的目标。

⭐ **素养闪光点**：知材善用，打好扎实的职业根基。

| 质量检查 |
|---|
| **思考与练习** |
| 1. 学习本课程的目的是什么？对构建我们的专业能力和素养有什么帮助？<br>2. 装饰材料的意义与作用是什么？<br>3. 为什么要先学习装饰材料的分类方法？<br>4. 为什么要了解装饰材料的基本性质？ |
| **岗课赛证** |

| | |
|---|---|
| 扫描二维码进行本任务岗课赛证融通习题的答题，或进入网络平台获取更丰富的学习内容 | <br>岗课赛证习题 |

| | 评价反馈 | | |
|---|---|---|---|
| 学生自评 | 1. 是否了解学习室内"装饰材料"课程的目的？ □是　□否 | | |
| | 2. 是否了解室内装饰材料的意义与作用？ □是　□否 | | |
| | 3. 是否熟悉室内装饰材料的具体分类？ □是　□否 | | |
| | 4. 是否了解室内装饰材料的基本性质？ □是　□否 | | |
| | | 学生签名：　　　　　　评价日期： | |
| 教师评价 | 教师评价意见： | | |
| | | 教师签名：　　　　　　评价日期： | |
| 学习心得 | | | |

| 能力拓展 |
|---|
| 在教室、寝室和日常逛街、逛商场、餐馆吃饭的时候，留心观察你所处的环境中运用到了哪些装饰材料，至少列举出 6 种 |

# 任务 2　室内装饰施工概述

| | 任务目标 |
|---|---|
| 应知理论 | 1. 了解室内装饰施工的作用、特点和家装的基本流程。<br>2. 熟悉家装和工装的承包方式和污染处理 |
| 应会技能 | 1. 能够掌握基本的施工流程，具备一定的施工管理技能。<br>2. 能够掌握基本的装修污染防范和处理方法 |
| 应修素养 | 讲究工作方法，做到科学规划、合理安排 |
| | 任务分析 |
| 任务描述 | 室内装饰施工是指在原建筑物的基础上，根据设计意图，采用艺术和技术手段对装饰材料进行加工处理，对室内空间进行重新组织、进一步细化和完善而进行的再创造过程 |
| 任务重点 | 室内装饰施工的基本流程 |
| 任务难点 | 家装装饰材料的入场顺序 |

| 任务计划 | | |
|---|---|---|
| 任务点 | 2.1　室内装饰施工的作用 | 2.6　家装承包方式 |
| | 2.2　室内装饰施工的特点 | 2.7　工装承包方式 |
| | 2.3　室内装饰施工的要求 | 2.8　室内装饰工程验收 |
| | 2.4　室内装饰施工基本流程——以家装为例 | 2.9　装修污染与防控 |
| | 2.5　装饰材料的入场顺序——以家装为例 | |
| 任务实施 | | |
| 实施步骤 | 发布任务（明确任务目标）—任务分析—任务计划—任务实施—质量检查—评价反馈—能力拓展 | |
| 实施要点 | 在学习任务中做好任务分析、观察思考、小组讨论、小组代表发言、知识拓展、课后练习、自我评价、教师评价等环节 | |
| 实施建议 | 详见手册使用总览：要求与建议 | |

课件：室内装
饰施工概述

微课：室内装
饰施工概述

室内装饰施工
概述全部插图

室内装饰设计与施工是密不可分的，没有科学、合理和有效的施工，再好的设计也是纸上谈兵；同时，材料与施工也是紧密联系的，施工是对材料的选用和构成。

## 2.1　室内装饰施工的作用

1. 实现并检验设计方案，满足建筑使用需求

设计方案需要施工来落地实现。装饰施工人员通过理解设计图纸，并结合施工技术和经验，进行加工制作，将设计师的构思和图纸转化为实体。同时，施工也是对设计进行检验和再创造的过程，并不是完全被动地接受设计。装饰施工技术管理人员应该是了解装饰材料，熟悉图纸，懂装饰施工，且具有较好的协调能力、熟练地操作技能和良好的艺术修养的管理型人才。每一个优良的室内装饰工程，都是设计者与施工管理 / 技术人员共同的智慧和劳动的结晶。

2. 室内装饰（血肉）是建筑（骨骼）的延伸和再创造

合理、正确的施工对建筑起到保护和加强作用，延长建筑的寿命，能提高和改善建筑构件的性能，提高其保温、隔声、防潮性能，还可以通过许多施工技术与艺术手法创造出不同的个性化的环境气氛和意境，使环境更加舒适美观，更好地满足人们的使用和审美需要（图 1-4）。

图1-4 室内装饰是建筑的延伸和再创造

## ■ 2.2 室内装饰施工的特点

### 1. 独立性

室内装饰施工是独立于建筑土建施工以外的工程活动。室内空间装饰工程包罗万象，即使是同一性质的室内空间，也会因环境条件、甲方审美要求等因素而发生变化。室内装饰施工各工种之间具有相对的独立性。

### 2. 流动性

流动性是室内装饰工程施工的显著特点，施工场所会随着建筑物的地点变化而变化，这就对装饰企业的管理提出了很高的要求，施工企业的管理人员应该根据施工所在地的具体情况，充分调查研究当地的各种施工资源情况，组织落实好施工人员、施工机具及装饰材料等问题，高效率地组织施工，按时、优质地完成施工任务。

### 3. 多样性

室内装饰工程项目、工种、材料品种和工艺做法种类繁多且不断推陈出新，这就要求现场施工的管理人员要精心组织，安排好施工进度和内容，组织协调好各工种，避免出现工种交叉阻滞。施工技术人员也要不断学习新材料、新工艺、新做法（图1-5）。

图1-5 装饰工程项目复杂、工艺多样

4. 施工管理的复杂性

施工内容的多样性带来了施工管理的难度和强度，而且室内装饰工程又往往要求施工速度快、效率高。这些都充分体现了施工管理的复杂性。

5. 工期紧，消耗劳动力大，体力劳动占很大比例

施工企业需要克服工期紧的困难，在有限工期内科学地组织施工，合理地安排人力、物力，保质保量，按时完成施工任务。此外，目前室内装饰工程施工还是以人力操作为主，施工人员劳动强度大，体力劳动占很大比例。

6. 再创造性

室内装饰工程并不是完全被动地接受设计图纸施工，而是施工人员根据具体的实际情况来创造性地施工。室内装饰施工的每一道工序都是在检验并进一步完善设计的科学性、合理性和实践性。

7. 经济性

室内装饰工程的使用功能和艺术性在很大程度上受到工程造价的制约。一个优秀的设计者必须具有良好的经济头脑，施工组织管理水平的高低也会影响到施工的经济性。只有严格控制成本、加强管理，才能在保证室内装饰工程质量的同时取得好的经济效益。

## ■ 2.3 室内装饰施工的要求

1. 尊重设计方案，检验设计方案

施工人员应当按设计方案施工，施工前认真读懂图纸，了解意图，根据设计要求结合自己的施工经验，制订切实可行的施工方案；但是在施工的具体过程中，不能简单、被动、死板地施工，而要在与设计方充分沟通的基础上，发挥施工方的经验，检验设计方案、优化设计方案，完美地将设计意图表达出来。

2. 充分发挥材料性能，选择最佳的工艺方案，并注重套裁率

选择合适的材料和施工方法，充分发挥材料的性能，可以获得最佳的功能和装饰效果。同时，最大程度利用材料、注重套裁率也十分重要，可以最大化利用材料，避免不必要的浪费，节约施工成本。

3. 科学合理地组织施工

合理地组织施工是保证工程质量和工期的前提，施工前应根据图样设计要求，制订施工方案，组织好施工人员，合理安排各工种、工序的施工人员，组织安排好施工和设备，尽可能采用先进的施工工艺和设备，合理安排材料的采购、运输与保管，加强施工现场的组织管理，避免混乱现象，保证施工有条不紊地进行，建立健全质量保证体系，确保工程质量和施工进度。

4. 重视施工安全

要强调在室内装饰工程中保护房屋建筑主体结构。房屋结构关系到整个建筑的安全，房屋结构的质量问题直接关系到房屋的抗震等级和使用过程中的安全，在室内装修的施工中要保护房屋结构，不能随意拆改房屋的结构，否则就会降低整个建筑的安全质量，成为危楼，甚至会

在装修施工的过程中发生恶性事故，造成人员和财产损失。

（1）不得拆改任何承重和抗震结构。承重结构是指房屋主要骨架的受力构件，如承重墙、柱、楼板等。抗震构件有构造柱、圈梁等（图1-6）。

**图1-6 装饰工程不得破坏建筑承重结构**

（2）不得增加楼板静荷载。楼板的承载能力就是其基础所能承受的最大质量。如果在装饰施工中大幅度加重房体的质量，超出了它的承载能力就会降低安全系数，破坏房体的基础，造成结构上的损伤，危害建筑安全，留下事故隐患。

同时，也要高度重视施工工地的安全保障，如做好临时水电方案、消防保障、设置警示牌、临时围栏、提供必备药品等，规范技术标准和施工工艺，提高工人安全意识，保障生命财产安全。

## ■ 2.4 室内装饰施工的基本流程——以家装为例

工装工程类型多样、内容复杂，不同的项目有不同的施工流程。但是家装工程较为清晰统一，因此下面以家装为例，概括一下其基本的施工流程及要点。简要的安装施工流程见表1-4，扫描二维码查看完整版家装施工流程。

拓展学习：家装施工流程

**表1-4 家装施工流程（简）**

| 时间 | 项目 |
|---|---|
| 1. 进场准备 | 场地检测、场地准备、材料准备、人员调度、技术准备 |
| 2. 拆除工程 | 拆除、搬运、清理 |
| 3. 隐蔽工程（主要是水电工的第一阶段） | 水电定位、墙地开槽、管道线路、煤气改造 |
| 4. 泥工工程 | 砌筑、防水、铺贴 |

| 时间 | 项目 |
|---|---|
| 5. 木工工程 | 木质构造、吊顶、固定家具 |
| 6. 金属工程 | 各类金属工程 |
| 7. 油漆工程 | 墙面油漆、其他油漆、裱糊工程 |
| 8. 安装工程（主要是水电工的第二阶段） | 电路安装、水路安装、安全设备、电器安装 |
| 9. 软装陈设 | 家具、陈设 |
| 10. 竣工验收 | 竣工验收、项目结算、资料存档、清扫保洁 |

## ■ 2.5 装饰材料的入场顺序——以家装为例

在家装工程中，材料的进场存在着基本的时间顺序，有一定的规律，不过实际工程中情况各有不同，在了解基本入场顺序的基础上，务必要根据实际情况灵活安排。简要的家装材料进场顺序见表1-5，扫描二维码查看完整版家装材料进场顺序。

拓展学习：家装
材料进场顺序

表1-5 家装材料进场顺序（简）

| 时间 | 项目 |
|---|---|
| 1. 具体项目开工前 | 防盗门；水泥、砂、腻子等；其他各类辅材 |
| 2. 墙体改造完成后 | 橱柜、浴室柜；散热、地暖系统；水槽、面盆；烟机、灶具、厨房热水器；室内门；铝合金或塑钢门窗 |
| 3. 水电改造前 | 水路改造相关材料；排风扇、浴霸；电路改造相关材料；热水器；浴缸、淋浴房；水处理系统 |
| 4. 泥工入场前 | 防水材料；瓷砖；石材；背景墙；地漏 |
| 5. 泥工开始 | 吊顶材料 |
| 6. 木工进场前 | 龙骨、石膏板、铝扣板；大芯板、夹板、饰面板；衣帽间；电视背景材料；门锁、门吸、合页 |
| 7. 灰尘较多工程完成后 | 木地板；乳胶漆、油漆；壁纸 |
| 8. 安装工程前 | 玻璃胶、结构胶；水龙头、厨卫五金；镜子等；卫生洁具；灯具；开关面板 |

## ■ 2.6 家装承包方式

家装工程主要由装饰公司与业主协商达成承包协议。半包和全包是最主要的两种承包方式，其区别主要在于是否承包装饰材料中的主材。家装承包方式的主要特点和具体说明见表1-6。

表 1-6 家装承包方式

| 包清工 | 主要特点 | 只包人工，不包材料 |
|---|---|---|
| 具体说明 | 包清工又称清包，承保人只负责工人安排和调度，所有材料由业主自购。这种方式目前比较少见，一方面对普通业主来说是一大挑战，需要花大量的时间和精力在装修上，如果装修质量出现问题，装修公司很可能会将原因全部归咎于材料，责权也不容易界定；另一方面，对于承包人（装修公司）来说可以掌控的内容太少，既缺乏利润空间，又存在较多的不可控因素，因此，现在很少有公司愿意以这种方式承包项目 | |

| 半包（清工辅料） | 主要特点 | 包人工、辅材，不包主材 |
|---|---|---|
| 具体说明 | 半包是目前最主流的家装承包方式一。承包人（装修公司）除整个工程的工人调度外，还承包基础装修的材料。所谓基础装修，指的是无论什么风格的工程都要做的部分，如水电管线、水泥砂子、各种砖、各类基层板（如木板材、纸面石膏板、硅钙板等）、墙面腻子、钉子等。此外，工程款中通常还包括设计部分的费用（设计费、效果图等）、施工管理费、垃圾清运费等。<br>对于业主来说，半包的方式既省去了对种类繁多的辅材的选购，又把握住了主材的采购，能在一定程度上参与装修，同时又不用在装修上浪费太多的时间和精力。<br>对于承包人（装修公司）来说，辅材价格别不大，无论何种项目都要用到，因此在编制预算时非常统一和方便，报价也有可对比性，方便谈单和营销 | |

| 全包 | 主要特点 | 包人工和所有材料 |
|---|---|---|
| 具体说明 | 承包人（装修公司）承包整个工程的所有人工和材料。由于业主年轻化的趋势，是目前家装行业发展的一大趋势。与半包的区别主要在于材料，全包包含所有材料，与半包相比，多了瓷砖、木地板、橱柜、定制家具、集成墙面、卫生洁具、推拉门窗、木门、灯具、墙面漆（乳胶漆或硅藻泥）、集成吊顶（主要是厨卫）、开关插座面板等主材。<br>但是由于这些材料品牌众多、风格多样、价格差别大，装修公司往往要与材料商充分协商合作，从中选择固定的品牌和产品，根据档次制定成不同价格的套餐（不同价格的套餐，包含不同档次和风格的主材）形式让业主选择。<br>如果连主要家具和电器都包含，常称为"大全包"，可以实现拎包入住 | |

| 全案设计 | 主要特点 | 包硬装和软装 |
|---|---|---|
| 具体说明 | 全案设计在全包的基础上，还包含所有家具和软装配饰部分，使室内空间从功能到审美得到最完整地呈现，在强调完善功能的同时更突出艺术品位的打造。因此，全案设计强调的是一种全过程、全体系、高水准的设计服务，包括户型分析、功能布局、风格定位、资金规划、图纸预算、软装搭配、家具选购、主材产品搭配、设备选购、园林设计等，是更整体化、艺术化的家居解决方案。这种承包方式更多见于高端户型、别墅、样板房、售楼处或餐厅、会所等，样板间通常就是典型的全案设计（图 1-7）<br><br>图 1-7　样板间 | |

## ■ 2.7　工装承包方式

工装承包方式以招投标为主。需要了解的内容包括招投标的标准、形式、相关方、招投标中的违法行为及承担责任等，扫描二维码进行学习。

拓展学习：工
装承包方式

## ■ 2.8　室内装饰工程验收

1. 国家相关验收标准

室内装饰工程涉及的施工内容较多，因而施工验收也应根据具体的装饰内容和部位进行具体评定，具体见表1-7。

表1-7　相关国家标准与行业规范

| 标准编号 | 标准名称 |
|---|---|
| GB 50300—2013 | 《建筑工程施工质量验收统一标准》 |
| GB/T 50326—2017 | 《建设工程项目管理规范》 |
| GB 50210—2018 | 《建筑装饰装修工程质量验收标准》 |
| GB 50327—2001 | 《住宅装饰装修工程施工规范》 |
| JGJ 367—2015 | 《住宅室内装饰装修设计规范》 |
| JGJ/T 304—2013 | 《住宅室内装饰装修工程质量验收规范》 |
| GB 50222—2017 | 《建筑内部装修设计防火规范》 |
| GB 50325—2020 | 《民用建筑工程室内环境污染控制标准》 |
| JGJ/T 436—2018 | 《住宅建筑室内装修污染控制技术标准》 |

2. 工程竣工验收

（1）家装工程验收。家装工程质量的过程把控和竣工验收主要由公司内部的监理部门和业主自己进行，所以很多业主会由于自身缺乏相关专业知识而对工程质量是否达标感到担心。一方面，现在的行业标准比较健全，信息渠道也很多，装饰材料价格和施工工艺上都比较透明，公司之间的竞争也比较充分；另一方面，业主可以通过各种渠道了解室内装饰装修的相关知识，提高专业认知水平和质量判断能力，同时可以邀请专业人士来帮助进行质量把控和工程验收，如果确实存在工程质量问题和经济纠纷，可以及时请求政府质量监管部门和行业协会的介入，通过法律渠道保障自身权益。

（2）工装工程验收。工装工程质量把控和竣工验收较为正规化和系统化，是在施工中和施工后，由甲方、监理部门和质检部门根据规范和质量标准共同进行施工质量控制和验收。一个装饰工程是由多个分部分项工程组成的，其质量等级可分为"合格"和"优良"（表1-8）。装饰工程的"合格"等级是指所含有的分部分项工程的质量全部合格；"优良"等级是指所含的分部分项工程的质量全部合格，并且有50%以上的分部分项工程的质量等级为优良。

表 1-8　装饰工程验收等级

| 等级 | 说明 |
|------|------|
| 合格 | 保证项目必须符合相应的质量检验评定标准的规定；基本项目抽验处（件）应符合相应的质量检验评定标准的规定；允许偏差项目抽验的点数中，建筑（装饰）工程有 70% 及以上，建筑设备安装工程有 80% 及以上的实测值应在相应的质量评定标准的允许偏差范围内 |
| 优良 | 保证项目必须符合相应的质量检验评定标准的规定；基本项目抽验处（件）的质量检验评定标准应合格，且有 50% 及以上的处（件）符合优良标准；允许偏差项目抽验的点数中，有 90% 及以上的实测值在相应质量检验评定标准的允许偏差范围内 |

注：在评定标准中，"合格"和"优良"相应的三条标准必须全部符合要求时，该装饰工程的分部分项工程才能评为"合格"或"优良"。

## ■ 2.9　装修污染与防控

装修污染物主要包括甲醛、苯、二甲苯、氡气、氨气、TVOC 等，最好的装修污染防控办法是避免过度装修、选择环保材料和开窗通风（或安装锌新风系统），同时可以采取安放绿色植物、使用活性炭等过滤材料等方法。扫描二维码进行学习。

拓展学习：装修
污染与防控

### 🔊 知识链接 1-1

#### 碳中和

碳中和（Carbon Neutrality）是指国家、企业、产品、活动或个人在一定时间内直接或间接产生的二氧化碳或温室气体排放总量，通过植树造林、节能减排等形式，以抵消自身产生的二氧化碳或温室气体排放量，实现正负抵消，达到相对"零排放"。2020 年 9 月 21 日，国家主席习近平在联合国成立 75 周年纪念会上发表讲话做出庄严承诺，党的二十大报告更明确提出要推动绿色发展、促进人与自然和谐共生。中国始终是世界环境保护事业的坚定支持者，为构建人类命运共同体作出了巨大贡献。扫描二维码进行学习。

知识链接：碳
中和

### 🔊 成长小贴士 1-2

#### 科学管理　合理施工

在进行装饰工程施工中，科学合理化原则是最基本的原则。我们既要保证技术管理的有效性，又要保证技术管理的科学合理性，这样才能做到现场施工的科学化、合理化，从而使工程更加符合现代化大生产的基本要求。此外还应该做到操作方法、作业流程和人员调配的合理化、资源利用有效，以及现场设置科学化、安全化并保证所有的施工人员知识技能得到充分的发挥。最终目的是提高装饰工程的综合质量和投资收益。扫描二维码进行学习。

★ **素养闪光点：做事一定要讲究方法，科学规划、合理安排。**

## 成长小贴士 1-3

### 遵章守纪　依法从业

　　随着我国社会经济的发展，工程建设活动日益增多，建设活动的法制要求也显得尤为重要和突出。我国已制定了一系列相关的法律、法规，紧紧围绕建筑和装饰工程的质量和安全这个核心，因为这些直接关系到国计民生和全体公民的切身利益。如建筑业的根本大法《中华人民共和国建筑法》及《中华人民共和国招标投标法》《中华人民共和国城乡规划法》《中华人民共和国城市房地产管理法》等相关法律；行政法规有《建设工程质量管理条例》《建设工程安全生产管理条例》《中华人民共和国招标投标法实施条例》《建设工程勘察设计管理条例》等，相关的部门规章有《建筑工程施工发包与承包计价管理办法》等。

　　然而，建筑及装饰行业"有法不依，找漏洞、钻空子"的现象也时有发生。因此，在工程项目管理过程中要注入更多的法律理念，依法做好建设工程项目管理工作，做一名合格的装饰装修行业从业者。

★ **素养闪光点：树立法制观念，强化规范意识，是装饰装修行业从业者的必备素养。**

| 质量检查 |
| --- |
| **思考与练习** |
| 1. 设计和施工的关系是什么？如果只有设计没有施工会怎么样？只有施工没有设计又会怎么样？施工的作用是什么？<br>2. 装饰施工的特点和要求是什么？<br>3. 家装施工的基本流程是什么？材料进场顺序是什么？<br>4. 家装承包方式有哪些？什么情况下装饰工程需要招标投标？<br>5. 装修污染物有哪些？如何防治？ |
| **岗课赛证** |
| 扫描二维码进行本任务岗课赛证融通习题的答题，或进入网络平台获取更丰富的学习内容 <br>岗课赛证习题 |

| 评价反馈 | | |
|---|---|---|
| 学生<br>自评 | 1. 是否了解装饰施工的作用、特点和要求？□是　□否 | |
| | 2. 是否熟悉家装工程基本流程和材料入场顺序？□是　□否 | |
| | 3. 是否熟悉家装的主要承包方式和具体特点？□是　□否 | |
| | 4. 是否熟悉装修污染物有哪些？如何防治？□是　□否 | |
| | 学生签名： | 评价日期： |
| 教师<br>评价 | 教师评价意见： | |
| | 教师签名： | 评价日期： |
| 学习<br>心得 | | |
| 能力拓展 | | |
| 通过图书馆、互联网等方式查阅关于绿色环保和低碳生活的更多知识 | | |

# 任务3　装饰工程预算概述

| 任务目标 | |
|---|---|
| 应知理论 | 了解编制装饰工程预算的基本方法，理解家装预算与工装预算编制的异同 |
| 应会技能 | 能够编制简单的家装预算 |
| 应修素养 | 1. 具有完好的职业道德。<br>2. 不铺张浪费、不过度装修。<br>3. 不欺瞒客户、不设置陷阱；合理把控成本 |
| 任务分析 | |
| 任务描述 | 装饰工程分为家装和工装两种类型，它们在工程量、工程内容和工作方法上都有很大的不同，其预算编制方法也是不一样的。家装工程使用的是较为简明的家装预算编制方法，工装预算则采用定额计价或工程量清单计价的方式。本次任务就是要对家装和工装预算的编制方法做简单梳理 |
| 任务重点 | 家装预算编制 |
| 任务难点 | 家装预算和工装预算的编制原理与基本方法 |
| 任务计划 | |
| 任务点 | 3.1　家装预算编制 |
| | 3.2　工装预算编制 |

| 任务实施 | |
|---|---|
| 实施步骤 | 发布任务（明确任务目标）—任务分析—任务计划—任务实施—质量检查—评价反馈—能力拓展 |
| 实施要点 | 在学习任务中做好任务分析、观察思考、小组讨论、小组代表发言、知识拓展、课后练习、自我评价、教师评价等环节 |
| 实施建议 | 详见手册使用总览：要求与建议 |

课件：装饰工程预算概述　　微课：装饰工程预算概述

## 3.1 家装预算编制

家装预算由直接费用（材料费、人工费，是预算中的主要部分，占总费用的60%～80%）和间接费用（项目设计费、施工管理费、材料运输费、垃圾清运费等）构成。此外，还需要了解家装预算编制、家装预算常见问题、家装预算控制要点等。可以扫描二维码学习家装预算模板实例。

拓展学习：家装预算模板实例　拓展学习：家装预算编制

## 3.2 工装预算编制

工装预算编制主要为工程量清单计价。需要了解工程量清单计价的两种类型、工程量清单计价的基本过程、工程量清单计价的不同方法、工程量清单计价的编制程序等。

拓展学习：工程预算编制

### 📢 成长小贴士 1-4

**关注成本，注重节约**

室内设计是一门实用艺术，是艺术与技术的结合，也强调功能性、艺术性和经济性的结合。在任何情况下，室内设计方案与施工都与预算成本密切相关，抛开成本的室内设计是无源之水、无本之木，没有实际意义。另一方面，就算预算充足，也不应该在设计和施工中浪费材料、乱用工艺，更不应该铺张奢侈、过度装修，这既是不专业的体现，也会对社会资源造成浪费，更降低了空间审美甚至造成不必要的装修污染，伤害身体。

★ **素养闪光点**：适度设计、科学选材、合理施工，不过度装修，不铺装浪费。

| 质量检查 |
|---|
| **思考与练习** |
| 1. 什么是预算？如何才能更准确地做好预算？<br>2. 家装预算和工装预算为何会有不同？ |

<table>
<tr><td colspan="2" align="center">岗课赛证</td></tr>
<tr><td>扫描二维码进行本任务岗课赛证融通习题的答题，或进入网络平台获取更丰富的学习内容</td><td align="center">岗课赛证习题</td></tr>
</table>

<table>
<tr><td colspan="2" align="center">评价反馈</td></tr>
<tr><td rowspan="5">学生<br>自评</td><td>1. 是否了解什么是预算以及如何更准确地做好预算？□是　□否</td></tr>
<tr><td>2. 是否理解家装预算和工装预算为何会有不同？□是　□否</td></tr>
<tr><td>3. 是否熟悉家装预算的主要组成内容和编制方法？□是　□否</td></tr>
<tr><td>4. 是否了解工程量清单计价法的基本内容和原理？□是　□否</td></tr>
<tr><td>学生签名：　　　　　　　　评价日期：</td></tr>
<tr><td rowspan="2">教师<br>评价</td><td>教师评价意见：</td></tr>
<tr><td>教师签名：　　　　　　　　评价日期：</td></tr>
<tr><td>学习<br>心得</td><td></td></tr>
</table>

| 能力拓展 |
|---|
| 登录学习平台，认真查阅平台中提供的某家装公司的家装报价，分析其编制方法和基本原理 |

# 项目2　水电工程材料

　　水电工程分为水路工程和电路工程，在装饰施工工程中通常分为两个阶段来进行：第一个阶段是继墙体拆建后的工序，主要工作内容是墙地开槽、管道加工和铺设、线路铺设等，由于这些管道线路在后期通常会被覆盖，所以也称为水电隐蔽工程，但是也正因为其隐蔽性，后期如果出现问题整修的难度会很大，所以其材料品质和施工质量十分重要；第二个阶段是墙面油漆等硬装部分基本结束后，水电工重新进行用水器具和用电器具的安装，如水龙头、各类灯具、电器等。

　　水电是现代生活必不可少的基本保障条件，也与日常生活和生产的基本安全息息相关。因此，一定要选择质量合格的材料和科学合理的施工工艺，切不可因小失大。

# 任务1 给水排水工程材料

| 任务目标 | |
|---|---|
| 应知理论 | 了解水路基础知识，掌握给水排水工程材料的种类、性能和规格 |
| 应会技能 | 能够根据实际情况选用合适的给排水材料 |
| 应修素养 | 1. 了解家乡和学校所在城市的江河水系，继而了解中国的江河水系，尤其是长江与黄河对中华文明的孕育。<br>2. 具有科学精神，通过了解自来水的发展历史，感悟科技进步对生产力和社会生活的重要影响 |
| 任务分析 | |
| 任务描述 | 了解室内水路系统构成，学习掌握给水排水工程材料的常见种类、基本性能、主要规格和具体应用，了解给水排水施工的基本流程和注意要点 |
| 任务重点 | 室内给水排水管道材料的种类和性能 |
| 任务难点 | 室内给水排水施工 |
| 任务计划 | |
| 任务点 | 1.1  水路基础知识 |
| | 1.2  给水排水管道常用材料 |
| | 1.3  给水排水管道规格 |
| | 1.4  给水排水工程材料选购要点 |
| 任务实施 | |
| 实施步骤 | 发布任务（明确任务目标）—任务分析—任务计划—任务实施—质量检查—评价反馈—能力拓展 |
| 实施要点 | 在学习任务中做好任务分析、观察思考、小组讨论、小组代表发言、知识拓展、课后练习、自我评价、教师评价等环节 |
| 实施建议 | 详见手册使用总览：要求与建议 |

课件：给水排水工程材料

微课：给水排水工程材料

给水排水工程材料全部插图

## ■ 1.1  水路基础知识

自来水系统是现代生活必不可少的组成部分，包括给水（上水）和排水（下水）两个部分。

水路材料从最早的镀锌铁管，到 PVC、PPR 甚至 PB 塑料管，再到铝塑复合管、瓷芯管等，更新换代很快。另外，从沿地面布管到沿天花布管，以及热水循环回水管道的应用，施工工艺也在不断更新。这都是因为人们越来越意识到生活用水与生活品质和身体健康的关联。室内给水排水系统见表 2-1。

表 2-1　室内给水排水系统

| 给水系统 | |
| --- | --- |
| 引入管 | 室外给水管道与室内给水管网之间的连通管，一般在每个单元设一条或数条 |
| 水表节点 | 用水量的计量装置，可以设置在室内或室外。为了方便检修，水表前后均应设置阀门 |
| 室内给水管网系统 | 室内用水的管道网络，连接各个用水点 |
| 用水设备 | 水龙头、用水器具等 |
| 附件 | 方便检修的各种阀门、各类给水排水管道构件等 |
| 排水系统 | |
| 各种用水器具 | 如洗脸盆、便器、浴盆、水池等 |
| 器具的排水管 | 专指器具和室内排水系统连接的短管，必须设有存水弯 |
| 室内排水管网系统 | 1. 排水横管：同一楼层中水平管道，必须有一定的坡度，坡向排水立管。<br>2. 排水立管：连接各楼层之间的垂直管道 |
| 通气管 | 排水立管在最高层凸出部分，设有通气帽。其作用是保持管道网络中的气压平衡，同时，也利于排除有毒有害气体 |

**🔊 知识链接 2-1**

### 自来水与水资源

　　自来水是经过多道复杂的工艺流程，通过专业设备制造出来的饮用水。1949 年后，特别是改革开放以后，我国供排水事业快速发展，并逐步向国际水平和现代化方向迈进。我国水资源虽然总量丰富，但区域分布不均衡。因此，节约用水要从我们每个人做起，从日常生活做起。扫描二维码进行学习。

知识链接：自来水与水资源

**🔊 知识链接 2-2**

### 古代排水智慧——福寿沟

　　福寿沟位于江西省赣州市章贡区老城区地下，是赣州古城地下大规模的古代砖石排水管沟系统。2019 年 10 月 7 日，福寿沟被中华人民共和国国务院公布为第八批全国重点文物保护单位名单。扫描二维码进行学习。

知识链接：古代排水智慧——福寿沟

## 1.2 给水排水管道常用材料

### 1. 聚氯乙烯（PVC）排水管

聚氯乙烯（PVC）是一种价格较低的低档塑料，其化学稳定性和耐温耐压性稍差，一般用作排水管和电线套管。室内装修比较常用的是 $De50\ mm$、$De75\ mm$、$De110\ mm$ 等几种规格。PVC 排水管性能特点见表 2-2。

表 2-2　PVC 排水管性能特点

| 序号 | 特点 | 说明 |
|---|---|---|
| 1 | 质轻 | 密度为 1.4～1.8 g/cm³，约为同规格铁管的 1/4 |
| 2 | 有一定阻燃性 | 可用于电线套管，但是聚氯乙烯在燃烧过程中会释放出氯化氢和其他有毒气体，如二噁英 |
| 3 | 耐热性一般 | 热稳定性较差，长时间加热会导致分解，放出 HCL 气体，所以其应用范围较窄，温度适用范围为 -15～55 ℃，一般只用于排水管 |
| 4 | 耐压性一般 | 受冲击时易脆裂，故不宜用于给水管 |
| 5 | 安装方便 | 现在采用电熔器连接，无须套丝，基本没有渗漏现象，寿命长 |

生产过程中为了增加 PVC 的塑化性能，提高生产效率，会添加增塑剂（如 DOP、DBP、DINP 等），而添加增塑剂的 PVC 制品会比较软，一般将加工过程中未添加增塑剂的 PVC 制品统称为 UPVC，也可写作 PVC-U，称为硬 PVC，属于难燃材料，其抗腐蚀、抗老化、耐磨性更强。但 UPVC 排水管的承压能力仍然较低，与之相配套的伸缩节的承压能力更低。另外，螺旋内壁 PVC 排水管的内壁有螺纹，最大的功能是降低排水噪声，所以也称为消音管，同时通风能力提高，排水量增加 6 倍左右（图 2-1）。

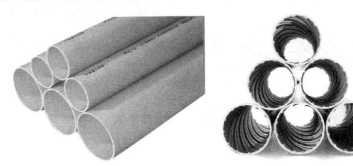

图 2-1　普通 PVC 排水管与螺旋内壁 PVC 排水管

正如前文所述，室内排水横管要有一定的坡度坡向排水立管，才能保证排水的顺畅。其要求见表 2-3。

表 2-3　PVC 排水管坡度要求

| 管径 /mm | 标准坡度 /‰ | 最小坡度 /‰ |
|---|---|---|
| 50 | 25 | 12 |

| 管径 /mm | 标准坡度 /% | 最小坡度 /% |
|---|---|---|
| 75 | 15 | 8 |
| 110 | 12 | 6 |
| 125 | 10 | 5 |
| 160 | 7 | 4 |

### 2. 三型聚丙烯（PPR）冷热水管

三型聚丙烯（PPR）冷热水管是 20 世纪 90 年代诞生的产品，工艺成熟，是目前给水管最主流的产品。管径为从 16～160 mm，一般室内装修常用的是 $DN$15（4 分管）、$DN$20（6 分管）、$DN$25（1 寸管）、$DN$32（1 寸 2 管）等几种规格。PPR 上水管分为冷水管和热水管两种，区别是冷水管上一般有蓝线，热水管上一般有红线，相比而言热水管的性能更好。因此，冷水管不能用于热水管，但是热水管可以代替冷水管使用。

质量较好的 PPR 管可以做到内壁高度光滑，称为"瓷芯"。可以防止细菌滋生，提供更为安全健康的饮用水（图 2-2）。PPR 给水管性能特点见表 2-4。

图 2-2　普通 PPR 给水管和瓷芯 PPR 给水管

表 2-4　PPR 给水管性能特点

| 序号 | 特点 | 说明 |
|---|---|---|
| 1 | 质轻 | 密度为 0.89 g/cm$^3$，是同规格铁管的 1/8 |
| 2 | 卫生<br>无毒无害 | 不结垢，不生锈，具有良好的耐化学性 |
| 3 | 耐热耐压 | 热水管在水温 70 ℃，压力 10 MPa 下，理论寿命为 50 年；冷水管耐热性稍差，但是也有很好的性能 |
| 4 | 保温节能 | 导热系数为金属管的 1/200。用于热水可保温，用于冷水不结露 |
| 5 | 安装方便 | 现在采用电熔器连接，无须套丝，基本没有渗漏现象，寿命长 |

3. 铝塑复合管

铝塑复合管是一种复合材质管道，主要包含五层结构，由内而外依次为聚乙烯、热熔胶、铝管、热熔胶、聚乙烯（图 2-3）。铝塑复合管性能特点见表 2-5。

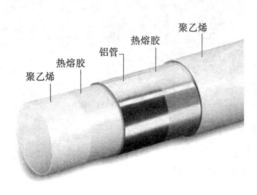

图 2-3　铝塑复合给水管结构示意及相关配件

表 2-5　铝塑复合管性能特点

| 序号 | 特点 | 说明 |
|---|---|---|
| 1 | 强度高 | 由于其含有铝层，可增加耐内压强度，具有良好的耐热性和可弯曲性，可以阻隔氧气、$CO_2$ 等而避免对输水管道设备的锈蚀威胁，抗静电而屏蔽性好，同时还具有塑料抗酸碱、耐腐蚀和金属坚固、耐压两种材料特性，并有一定的阻燃作用 |
| 2 | 增加内部导热 | 最重要的优点是可以加强内部导热性而减少热点过于集中，避免管材的局部过早老化 |

4. 聚丁烯（PB）冷热水管

聚丁烯（PB）冷热水管性能特点见表 2-6。

表 2-6　PB 给水管性能特点

| 序号 | 项目 | 说明 |
|---|---|---|
| 1 | 概念 | 聚丁烯（PB）是一种高分子惰性聚合物，主要是由丁烯聚合而成 |
| 2 | 特点 | 具有很高的耐温性、持久性、化学稳定性和可塑性，无味、无毒、无臭，温度适用范围为 $-30 \sim 100℃$，具有耐寒、耐热、耐压、不生锈、不腐蚀、不结垢、寿命长（可达 $50 \sim 100$ 年）的特点，可以长期使用 |

5. 镀锌铁管 / 钢管

（1）镀锌铁管已有上百年的使用历史，在国内以前几乎所有给水管都是镀锌铁管，现在仍有不少老房子使用着镀锌铁管，镀锌铁管作为水管使用有易生锈、易积垢、不保温的问题。使用几年后，管内会产生大量锈垢，锈蚀造成水中重金属含量过高，会严重危害人体的健康。而且容易发生冻裂，目前在给水系统中已经被淘汰。钢管比铸铁管性能要好一些。现在镀锌铁管或钢管更多是被用作煤气管道、暖气管道和电线套管，以及消防水管。

（2）消防给水系统常用管材主要包括球墨铸铁管、焊接钢管、无缝钢管、铜管、不锈钢管、合金管及复合型管材，塑料管材也可作为消防给水管材使用，但其对安装场所和安装形式有严格限制（图 2-4）。

图 2-4　镀锌铁管和消防管道

6. 铜管

铜能抑制细菌生长，99% 的细菌进入铜水管后 5 h 内消失，确保了用水的清洁卫生，此外铜管还具有耐腐蚀性、抗高低温性、强度高、不易爆裂等优点，是价格较高的给水管材料，也可以用作铜塑复合管。其缺点是造价高，导热快，所以需要在外覆盖保温层。

铜管结构的方式有卡套和焊接两种。卡套长时间使用后容易变形渗漏，所以组好后还是采用焊接的方式，焊接后也和 PPR 给水管的热熔方式一样使管道形成一个整体，基本没有渗漏的问题（图 2-5）。

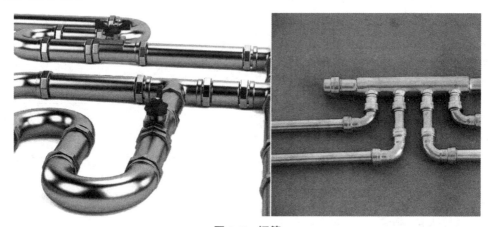

图 2-5　铜管

7. 不锈钢管

不锈钢管耐高温、耐高压、经久耐用（图 2-6）。其管道内壁光滑，长期使用不会积垢，不易被细菌污染，漏水率低，通水性好，在流速高的情况下不腐蚀，其保温性是铜管的 24 倍。按生产方法，不锈钢管可分为无缝管和焊管，其中无缝管包括冷拔管、挤压管、冷轧管等；焊管按工艺可分为气体保护焊管、电弧焊管、电阻焊管（高频、低频）等，按焊缝可分为直缝焊管、螺旋焊管等，按壁厚可分为薄壁钢管、厚壁钢管，按材质可分为 304、304 L、316 和 316 L 不锈钢水管等。

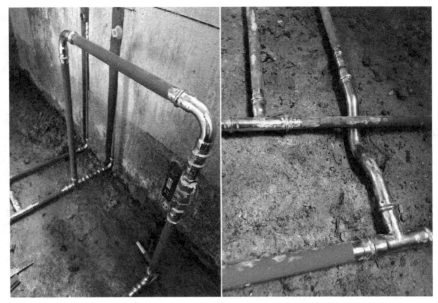

图 2-6　不锈钢管

8．其他给水排水构件

（1）存水弯：是安装在卫生器具下面的一个弯管，里面存有 60 mm 左右深的水，故也称为"水封"。其主要功能是防止排水系统中的有毒、有害、异味气体进入室内；防止排水系统中的害虫进入室内；可以沉淀污物，方便检修。存水弯分为 P 形（用于竖管连接横管）和 S 形（用于竖管连接竖管）两种（图 2-7）。

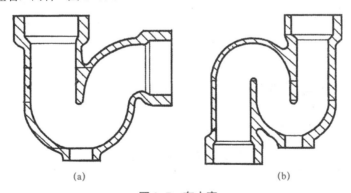

图 2-7　存水弯

（a）P形存水弯；（b）S形存水弯

（2）排水管道构件：包括坐便位移器、存水弯、90°弯头、45°弯头、管箍、伸缩节、立管接插口、三通、通气帽等。

（3）给水管道构件：包括直通、异径直通、三通、异径三通、弯头、异径弯头、内牙弯头、堵头、过桥弯、回水弯、角阀、管卡等。扫描二维码进行学习。

（4）其他构件及设备（图 2-8）：包括不锈钢丝编制软管、地漏、生料带、热熔器等。其中，热熔器是一种管道加热设备，通过融化管道表面使管道黏合后融为一体，杜绝渗漏的问题。

拓展学习：排水
管道构件图、给
水管道构件图

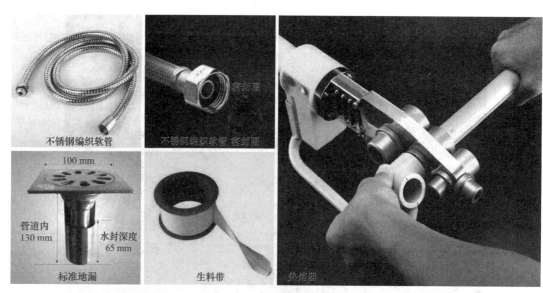

图 2-8　其他构件及设备

知识链接 2-3

**塑料与"白色污染"**

塑料是重要的有机合成高分子材料，应用非常广泛，但是废弃塑料带来的"白色污染"也越来越严重，如果能详细了解塑料的组成及分类，不仅能帮助我们科学地使用塑料制品，也有利于塑料的分类回收，并有效控制和减少"白色污染"。扫描二维码进行学习。

知识链接：塑料
与"白色污染"

## ▌1.3　给水排水管道规格

给水排水管道规格见表 2-7。

表 2-7　给水排水管道规格

| 序号 | 规格名称 | 说明 |
|---|---|---|
| 1 | 长度 | 管材的长度一般是 4 m，也有 6 m 的规格。选购的时候也可以按米购买 |
| 2 | 内径 $D$ | 例如 $D20\times2$，指的是内径 20 mm，壁厚 2 mm 的管子 |
| 3 | 外径 $De$ 或 $\phi$ | 两者可以通用，一般用于描述塑料管道中的下水管。$\phi75$ 就是 $De75$，指的是外径 75 mm |
| 4 | 公称直径 $DN$ | 国际上通行的一种规格表示方法，既不是内径也不是外径，是比较接近内径的中径尺寸。应该与管道工程发展初期与英制单位有关，源自金属管的管壁很薄，外径与内径相差无几。主要用于描述无缝钢管、螺旋钢管、塑料管道（一般用于描述上水管） |

| 序号 | 规格名称 | 说明 |
|---|---|---|
| 5 | 英分单位 | 如四分管、六分管，指的是流体管的内径为四英分、六英分 |

换算举例：

（1）1 英寸＝8 英分＝25.4 mm；4 分管的内径＝25.4/2＝12.7 mm 左右。

（2）$DN$15（4 分管）、$DN$20（6 分管）、$DN$25（1 寸管）、$DN$32（1 寸 2 管）、$DN$40（1 寸半管）、$DN$50（2 寸管）、$DN$65（2 寸半管）、$DN$80（3 寸管）、$DN$100（4 寸管）、$DN$125（5 寸管）、$DN$150（6 寸管）、$DN$200（8 寸管）、$DN$250（10 寸管）。

（3）水管 $\phi25\times1/2$ 的意思是它的外径是 25。实际对应的公称直径是 $DN$20（也就是人们常说的 6 分管）。

（4）$DN$20＝$De$25×2.5 mm；$DN$25＝$De$32×3 mm；$DN$32＝$De$40×4 mm；$DN$40＝$De$50×4 mm

# 1.4 给水排水工程材料选购要点

由于铜管和不锈钢管的应用相对较少，而镀锌铁管又处于淘汰边缘，这里就重点介绍塑料管材和铝塑管的选购。

**1. PPR 管和 PVC 管的选购**

（1）选购正规品牌的产品，注意检查合格证。根据项目实际需要选择合适档次的产品。

（2）管材表面光滑平整，无起泡、无杂质，色泽均匀一致，呈白色亚光或其他色彩的亚光。质量好的 PPR 管应该完全不透光，质量差的 PPR 管则轻微透光或半透光，PVC 管较薄也会轻微透光或半透光。在明装施工中，透光的 PPR 管会在管壁内部因为光合作用滋生细菌。

（3）管壁厚薄均匀一致，管材有足够的刚性，用手挤压管材，不易产生变形。

**2. 铝塑复合管的选购**

（1）检查产品外观，品质优良的铝塑复合管，一般外壁光滑，管壁上商标、规格、适用温度、长度等标识清楚，厂家在管壁上还打印了生产编号，而伪劣产品反之。

（2）细看铝层，好的铝塑复合管，在铝层搭接处有焊接，铝层和塑料层结合紧密，无分层现象，而伪劣产品则不然。

◆◆) **成长小贴士 2-1**

### 关注水文地理与文化孕育

水文地理是地理学与水文学相结合而产生的学科。从地理科学的范畴来看，水是自然地理的基本要素之一，各种水体本身又是地理环境的基本单元。从文明发源的角度来看，四大文明古国每一个都依托于江河，如两河流域的美索不达米亚文明、尼罗河流域的古埃及文明和恒河流域的印度文明；而我们最熟悉的水系，自然是中华文明的母亲河黄河与长江，仿佛两条巨龙奔腾千里、海纳百川、东流入海，浇灌浸润着中华大地，孕育了伟大的华夏文明。同时，中华大地幅员辽阔，每个地区都有着自己独具特色的水文地理和水系特征，正所谓一方水土养育一方人，正是各地独具特色的自然气候和山水环境，才造就了丰富多彩、包罗万象的地方文化。

★ 素养闪光点：了解祖国大好河山，可以从认识家乡的水系特征开始。

## 质量检查

### 思考与练习

1. 是否了解室内给水系统和排水系统的基本构成？
2. 是否掌握聚氯乙烯（PVC）排水管、三型聚丙烯（PPR）冷热水管、铝塑复合管、聚丁烯（PB）冷热水管、镀锌铁管／钢管、铜管、不锈钢水管等材料的性能和规格？
3. 是否掌握其他给水排水构件的名称、形状、功能和用法？
4. 是否了解给水排水材料的选购要点？

### 岗课赛证

| | |
|---|---|
| 扫描二维码进行本任务岗课赛证融通习题的答题，或进入网络平台获取更丰富的学习内容 | <br>岗课赛证习题 |

### 评价反馈

| | | |
|---|---|---|
| 学生自评 | 1. 是否了解水路基础知识？□是　□否 | |
| | 2. 是否掌握给水排水材料的常见种类、性能和规格？□是　□否 | |
| | 3. 是否掌握根据实际选用合适的给水排水材料的能力？□是　□否 | |
| | 4. 是否对给水排水工程材料的选购有一定的了解？□是　□否 | |
| | 学生签名：　　　　　　　　　评价日期： | |
| 教师评价 | 教师评价意见：<br><br><br>教师签名：　　　　　　　　　评价日期： | |
| 学习心得 | | |

### 能力拓展

通过观察，尝试绘制寝室卫生间和家里卫生间的上水系统和下水系统，简单示意图即可，尝试标注出用水器具和管道连接

# 任务 2　卫浴洁具

| 任务目标 | | |
|---|---|---|
| 应知理论 | 1. 了解卫浴洁具产品的基础知识。<br>2. 掌握水龙头、洗手台/盆、淋浴房、浴缸、坐便器等产品的种类、性能和规格 | |
| 应会技能 | 能够根据实际情况选用合适的卫浴洁具产品 | |
| 应修素养 | 树立为人服务、以人为本的意识 | |
| 任务分析 | | |
| 任务描述 | 学习卫浴洁具产品和淋浴房的种类、材质和基本规格，学习卫浴洁具产品和淋浴房的选购 | |
| 任务重点 | 浴室柜、淋浴房的种类和选购 | |
| 任务难点 | 水龙头的种类和选购 | |
| 任务计划 | | |
| 任务点 | 2.1　卫浴洁具主要类型及应用 | |
| | 2.2　卫浴洁具产品选购要点 | |
| 任务实施 | | |
| 实施步骤 | 发布任务（明确任务目标）—任务分析—任务计划—任务实施—质量检查—评价反馈—能力拓展 | |
| 实施要点 | 在学习任务中做好任务分析、观察思考、小组讨论、小组代表发言、知识拓展、课后练习、自我评价、教师评价等环节 | |
| 实施建议 | 详见手册使用总览：要求与建议 | |

| | | |
|---|---|---|
| 课件：卫浴<br>洁具 | 微课：卫浴<br>洁具 | 卫浴洁具全部<br>插图 |

## 2.1　卫浴洁具主要类型及应用

　　常用的卫浴洁具产品包括水龙头、洗手台/盆、淋浴花洒、淋浴房、浴缸、坐便器等。扫描二维码进一步学习。

拓展学习：卫
浴洁具主要类
型及应用

### 日常名词中蕴含的中国文化

"水龙头"是我们日常生活中熟悉得不能再熟悉的事物,在中国的神话传说体系中,"龙"是其中最有气势、最具神力的神兽,龙可以腾云驾雾、上天入海,有的龙也可以吐水,这就是"水龙头"的来历。水龙头的形态演变如图 2-9 所示。除"水龙头"外,我们在生活中还会遇到"轻钢龙骨""甲方乙方""阳角阴角"等蕴含中国文化的名词。同学们,你们不妨也想想还有哪些类似的名词?

知识链接:日常名词中蕴含的中国文化

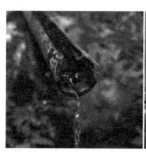

图 2-9　水龙头的形态演变

## 2.2　卫浴洁具产品选购要点

需要了解的内容包括水龙头、淋浴花洒、淋浴房、浴缸、坐便器等的选购要点。扫描二维码进一步学习。

拓展学习:卫浴洁具产品选购要点

### 生活需要设计,设计改变生活

室内设计师之所以让人心怀憧憬、满怀期待,是因为这是一个与生活品质密切相关的职业。哲学家苏格拉底说过:"未经审视的人生不值得过";工艺美术运动领袖威廉·莫里斯希望用自己的设计让普通人的生活也能饱含美感、熠熠生辉。室内设计体现的是热爱生活、珍爱自我的人生态度,追求的是功能与形式共生、实用与审美俱佳的生活品质。

室内设计本身是在优化空间、营造空间、利用空间的基础上,对具体的装饰材料、器具设备进行选择、搭配、使用的过程。例如,本课程所要学习到的各种装饰材料,再如前文所列举的各种用水设备和卫生洁具等,为什么要在材质、功能和造型上不断推陈出新、不断升级换代,其根本目的也是满足人们不断追求更高生活品质的愿望。理解了这一点,就能理解这个行业和这份职业的本质:生活需要设计,设计改变生活。

★ **素养闪光点**:为人服务、以人为本。

| 质量检查 | |
|---|---|
| **思考与练习** | |
| 1. 卫浴洁具的重要种类有哪些？应如何应用？<br>2. 卫浴洁具的选购要点有哪些？ | |
| **岗课赛证** | |
| 扫描二维码进行本任务岗课赛证融通习题的答题，或进入网络平台获取更丰富的学习内容 | <br>岗课赛证习题 |
| **评价反馈** | |

| 学生<br>自评 | 1. 是否了解卫浴洁具的重要种类和应用？□是　□否 | |
|---|---|---|
| | 2. 是否了解卫浴洁具的选购要点？□是　□否 | |
| | | 学生签名：　　　　　评价日期： |
| 教师<br>评价 | 教师评价意见： | |
| | | 教师签名：　　　　　评价日期： |
| 学习<br>心得 | | |

| 能力拓展 |
|---|
| 分小组去建材市场，找到主流的卫浴品牌，进行考察调研 |

# 任务 3　电路工程材料

| 任务目标 | |
|---|---|
| 应知理论 | 了解电路基础知识，掌握电路材料的种类、性能和规格 |
| 应会技能 | 能够根据实际情况选用合适的电路材料 |
| 应修素养 | 了解科技是第一生产力，树立科学精神，助力科技强国 |
| **任务分析** | |
| 任务描述 | 了解室内电路系统构成；学习掌握电路材料（包括强电和弱电）的常见种类、基本性能、主要规格和具体应用；了解室内电路施工基本流程和注意要点 |

| 任务重点 | 强电线材料的种类和性能,以及相关电路配件 |
|---|---|
| 任务难点 | 电路安全载流量和承载功率的计算 |
| **任务计划** | |
| 任务点 | 3.1 电路基础知识 |
| | 3.2 强电线材料 |
| | 3.3 弱电线材料 |
| | 3.4 电线套管及其他配件 |
| | 3.5 电路材料选购要点 |
| **任务实施** | |
| 实施步骤 | 发布任务(明确任务目标)—任务分析—任务计划—任务实施—质量检查—评价反馈—能力拓展 |
| 实施要点 | 在学习任务中做好任务分析、观察思考、小组讨论、小组代表发言、知识拓展、课后练习、自我评价、教师评价等环节 |
| 实施建议 | 详见手册使用总览:要求与建议 |

| | | |
|---|---|---|
| 课件:电路工程材料 | 微课:电路工程材料 | 电路工程材料全部插图 |

## 3.1 电路基础知识

电是一种自然现象,是指静止或移动的电荷所产生的物理现象,是像电子和质子这样的亚原子粒子之间产生的排斥力和吸引力的一种属性,自然界的闪电就是一种电现象。电磁力是自然界四种基本相互作用之一,第二次工业革命以电力的发明和广泛应用为标志,到今天我们的生活和生产已经离不开电了。电路基础概念见表2-8。

表 2-8  电路基础概念

| 电子 | | 在原子中,围绕在原子核外面带负电荷的粒子称为电子。电子运动现象有两种:缺少电子的原子称为带正电荷,有多余电子的原子称为带负电荷 |
|---|---|---|
| 电压、电流与电阻 | 电压 | 即电势差,其大小等于单位正电荷因受电场力作用从 A 点移动到 B 点所做的功,单位为伏特(V) |
| | 电流 | 是电荷的移动,单位为安培(A),任何移动中的带电粒子都可以形成电流 |
| | 电阻 | 即电流的阻力一般与温度、材料、长度,以及横截面面积有关 |
| 电路 | | 由电源、用电器、导线等连接的电流通道,分为闭合电路和开合电路。不经负载的闭合电路被称为短路。电子元器件在电路中的连接方法有串联和并联两种基本形式 |

| | 直流电 | 电流方向从正极流向负极不发生变化，如电池、手机充电器 |
|---|---|---|
| 直流电与交流电 | 交流电 | 电流方向随时间做周期性变化，其频率用 Hz 表示（我国家庭用电频率为 50 Hz，表示电流在一秒内发生了 50 次变化）。交流电的优势在于长距离运输，由于 $P = UI$（功率＝电压×电流），如果电路中的电压增大，那么电流就会减小，从而电阻减小，发热损耗减小。而变压器可以实现电压改变，因为交流电变换的电力可以产生变化的磁场，根据电磁学的原理通过变压器实现电压的改变，是直流电无法做到的。我国高压电一般是指高于 1 000 V 的电压，甚至一些线路采用 100 万伏交流特高压输电 |
| 强电与弱电 | 强电 | 一般用于给设备提供能量，是指大于 36 V 电压的电力工程线路，例如我国 220 V 日常居民用电就是属于强电，包括住宅中的照明、插座、空调等线路，线路中又分为火线（也称相线）、零线和地线 |
| | 弱电 | 一般用于传输信号，是指直流电压在 24 V 以内、交流电压一般 36 V 以内的各类线路（主要是信号线）。生活中常用的三大弱电分别是闭路电视、电话通信和数字网络。弱电信号属于低压电信号，容易受到干扰，所以弱电线应该避开强电线，国家标准规定强弱电线要距离 500 mm 以上。弱电布线一般"宁多勿少"，如网线接口最好在每个房间都预留 |

## 3.2 强电线材料

1. 基本规格

强电线基本规格见表2-9。

表2-9 强电线基本规格

| 序号 | 规格名称 | 说明 |
|---|---|---|
| 1 | 长度 | 电线一般按"卷"包装，一卷100 m。可以整卷购买或按米购买 |
| 2 | 电线线芯 | 一般为铜芯或铝芯。铜芯线强度高、电阻小，室内装修电路布线一般都使用铜芯线；铝芯价格低但是电阻大，机械强度差，使用寿命较短，不易焊接，一般在规格较大的电缆中使用 |
| 3 | 硬线和软线 | 是指电线铜芯是一根完整的铜线（单芯、较硬），还是很多细铜线组成（多芯、较软）。相比于硬线，软线的优势在于：柔软更好接线、断部分细线不影响整体导电、更利于散热、负载力更强、抗拉性更好、更加安全；缺点是价格更高一些 |
| 4 | 线径 | 除长度外，电线的规格主要是指电线铜芯的横截面面积，代表了电线的粗细。截面不同，价格不同，安全载流量和承载功率也不同。室内布线常用的有 1.5、2.5、4、6、10 等规格，单位是平方毫米（mm$^2$） |

注：硬线的代号是 BV，软线是 BVR，全称都是布线用聚氯乙烯绝缘电线。其中，B 表示布线用电线；V 就是 PVC 聚氯乙烯，也就是塑料绝缘层；如果是 BLV，是指线芯为铝芯，L 是铝芯的代码，R 是软，要做到软，导体就要做细并增加根数（图 2-10）。

铜芯线每平方毫米线径允许通过的电流为 5 ～ 7 A，所以线径越大，能够承载的电流就越大，因此，在电线的粗细选择上应该遵循适用的原则，线路上电器功耗越高，需要采用的线径就要越大，安全系数就更高。一般照明用 1.5 mm$^2$（灯具较多的话可以用 2.5 mm$^2$），插座用 2.5 mm$^2$，空调和厨房用 2.5 mm$^2$ 或 4 mm$^2$（厨房电器特别多并且需要同时使用可以用 6 mm$^2$），入户线用 6 mm$^2$ 或 10 mm$^2$

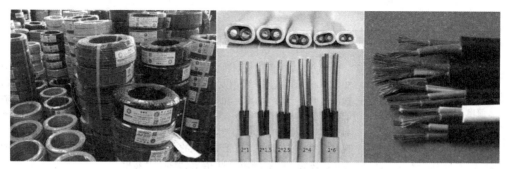

图 2-10 强电线包装、硬线和软线

2. 安全载流量和承载功率

"2.5 下乘以 9，往上减 1 顺号走"是指电线安全载流量的计算方法。即 1/1.5/2.5 mm² ×9、4 mm² ×8、6 mm² ×7、10 mm² ×6、16 mm² ×5、25 mm² ×4 等；此外，承载功率为：功率 $P$ =电压 $U$ × 电流 $I$。举例如下：

1.5 mm² 的电线安全载流量为 1.5×9 = 13.5（A），承载功率为 220 V×13.5 A = 2 970（W）；

2.5 mm² 的电线安全载流量为 2.5×9 = 22.5（A），承载功率为 220 V×22.5 A = 4 950（W）；

4 mm² 的电线安全载流量为 4×8 = 32（A），承载功率为 220 V×32 A = 7 040（W）；

6 mm² 的电线安全载流量为 6×7 = 42（A），承载功率为 220 V×42 A = 9 240（W）；

10 mm² 的电线安全载流量为 10×6 = 60（A），承载功率为 220 V×60 A = 13 200（W）。

3. 接线原则

接线原则一般是火线进开关、零线进灯头；插头上一般左零右火，接地在上。如空调、洗衣机、热水器、电冰箱等常见电器设备的插座多为单相三孔插座，火线、零线、保护地线分别接入三个插孔。很多人忽略了保护地线的作用，只将一相火线与一相零线装入电源插座，将地线抛开不接，这样做对于电器的使用不会造成什么问题，但是一旦电器设备出现漏电，就可能导致触电伤人和火灾事故。

## 3.3 弱电线材料

弱电线材料见表 2-10。

表 2-10 弱电线材料

| 序号 | 名称 | 说明 |
|---|---|---|
| 1 | 电话线<br>[图 2-11 (a)] | 比较通用的是聚乙烯绝缘铜芯通信线，是一种集室内外为一体的自承式通信导线。采用 0.4 mm、0.5 mm、0.6 mm 直径的铜丝，外包聚乙烯绝缘层，平行成对再用聚乙烯做外护套，还有 1.2 mm 直径的镀锌铜丝的加强线，外包聚乙烯护套，与导线芯平行连成一体 |
| 2 | 有线电视线<br>[图 2-11 (b)] | 一般采用纵孔聚乙烯绝缘同轴电缆。该产品适用于共用天线系统，以及闭路电视系统中传输高频信号。适用于温度为 −40 ~ 70 ℃的环境，安装敷设最低温度为 −15 ℃ |
| 3 | 数字网络线<br>[图 2-11 (c)] | 一般采用双绞线，是连接计算机网卡和调制解调器 / 路由器 / 交换机的电缆线 |

(a)

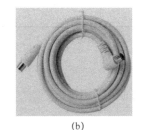
(b)

(c)

**图 2-11　电话线、有线电视线、数字网络线**
（a）电话线；（b）有线电视线；（c）数字网络线

## 3.4　电线套管及其他配件

扫描二维码学习电线套管（PVC 阻燃塑料管、金属管）、配电箱（强电箱、弱电箱）、电表、空气开关（过载保护器、漏电保护器）、电源开关、插座、暗盒、绝缘电工胶布等。其中，要充分理解电源开关中"联"与"控"的问题；以及五孔插座、七孔插座、一开五孔插座、可旋转插座、明装轨道插座、地插等概念。

拓展学习：电线套管及其他配件

## 3.5　电路材料选购要点

扫描二维码学习电线、电线套管、电表、空气开关、开关插座、暗盒的选购要点。

拓展学习：电路材料选购要点

### 🔊 成长小贴士 2-3

#### 科学精神

科学精神是指科学实现其社会文化职能的基本形式和主要内容，包括自然科学发展所形成的优良传统、人类对科学精神的追求等。非严格地来说，它可以包含理性精神、实证精神、求实精神、求真精神、探索精神、创新改革精神等，这是现代科学的生命，科学活动的灵魂，也是我们作为新一代社会建设者应该具备的精神。

★ **素养闪光点：** 树立科学精神，助力科技强国。

| 质量检查 |
|---|
| **思考与练习** |
| 1. 是否了解室内电路系统的基本概念和构成？<br>2. 是否掌握强电线、弱电线、电线套管、电表、电箱、空气开关、开关插座等电路材料的性能和规格？<br>3. 是否掌握其他电路材料的名称、形状、功能和用法？<br>4. 是否了解电路材料的选购要点？ |

| 岗课赛证 | |
|---|---|
| 扫描二维码进行本任务岗课赛证融通习题的答题，或进入网络平台获取更丰富的学习内容 | 岗课赛证习题 |

| 评价反馈 | | |
|---|---|---|
| 学生自评 | 1. 是否了解电路基础知识？□是　□否 | |
| | 2. 是否掌握电路材料的常见种类、性能和规格？□是　□否 | |
| | 3. 是否掌握根据实际选用合适的电路材料的能力？□是　□否 | |
| | 4. 是否对电路工程材料的选购有一定的了解？□是　□否 | |
| | 学生签名：　　　　　　评价日期： | |
| 教师评价 | 教师评价意见： | |
| | 教师签名：　　　　　　评价日期： | |
| 学习心得 | | |

| 能力拓展 |
|---|
| 　查找更多关于电学、日常用电、用电安全与消防等方面的资料，分小组整理成PPT，利用班会活动的时间，开展用电安全的主题班会活动 |

# 任务4　照明光源与装饰灯具

| 任务目标 | |
|---|---|
| 应知理论 | 了解光的基础知识，掌握室内照明设计的基本原则和要求 |
| 应会技能 | 能够根据实际情况选用合适的光源和装饰灯具 |
| 应修素养 | 具有发展的眼光，成为把握时代进步和行业趋势的从业者 |

| 任务分析 | |
|---|---|
| 任务描述 | 通过了解光的基础知识，学习掌握室内照明设计的基本原则和要求，并学习了解各类装饰灯具，从而掌握根据实际情况选用合适的光源和装饰灯具的能力 |
| 任务重点 | 各类常用装饰灯具 |
| 任务难点 | 光的基础知识 |
| **任务计划** | |
| 任务点 | 4.1　光的基础知识 |
| | 4.2　光源种类及应用 |
| | 4.3　常用装饰灯具 |
| | 4.4　灯具选购要点 |
| **任务实施** | |
| 实施步骤 | 发布任务（明确任务目标）—任务分析—任务计划—任务实施—质量检查—评价反馈—能力拓展 |
| 实施要点 | 在学习任务中做好任务分析、观察思考、小组讨论、小组代表发言、知识拓展、课后练习、自我评价、教师评价等环节 |
| 实施建议 | 详见手册使用总览：要求与建议 |

课件：照明光源与装饰灯具　　微课：照明光源与装饰灯具　　照明光源与装饰灯具全部插图

## ■ 4.1　光的基础知识

扫描二维码学习光的基本概念和照明术语、光照种类、照明方式、照明的布局形式、照明质量、室内照明设计的基本原则、室内照明设计的要求等。

拓展学习：光的基础知识

## ■ 4.2　光源种类及应用

扫描二维码学习白炽灯、卤钨灯、荧光灯、LED 灯、高压气体放电灯（HID）、低压钠灯、氙灯等（图 2-12）。

拓展学习：光源种类及应用

图 2-12　光源种类

## ■ 4.3　常用装饰灯具

从目前的设计趋势看，灯具已经不仅仅是一种照明工具，更成为室内装饰的重要装饰品，尤其是各类灯具发出的光色效果为室内设计增添出更多韵味和艺术品位。灯具的种类很多，平常按照不同安装方式，可以将其分为吊灯、吸顶灯、壁灯、台灯、落地灯、筒灯和射灯等（图 2-13～图 2-16）。简易的常用装饰灯具及应用见表 2-11，完整版扫描二维码查看。

拓展学习：常用装饰灯具及应用

图 2-13　各类吊灯

图 2-14　吸顶灯、壁灯、台灯、落地灯

图 2-15　筒灯、明装筒灯、斗胆灯、轨道射灯、象鼻灯

图 2-16　各类 LED 灯带和线性灯具

表 2-11　常用装饰灯具及应用（简）

| 1. 吊灯 | 吊灯用吊杆、吊链、吊索等垂吊在天花下 |
| 2. 吸顶灯 | 吸顶灯与吊灯的区别在于吸顶灯没有吊杆 |
| 3. 壁灯 | 固定于墙面和柱面的装饰性灯具 |
| 4. 台灯 | 台灯是可以随意移动的灯具，一般用于桌面 |
| 5. 落地灯 | 直接放在地上使用，因此落地灯的灯杆要比台灯长很多 |
| 6. 筒灯 | 一种嵌入式灯具 |
| 7. 斗胆灯 | 可以调节角度，照射各个不同的方向的筒灯类型 |
| 8. 射灯 | 多挂于天花上，配合轨道称为"轨道射灯" |
| 9. 象鼻灯 | 融合了筒灯与射灯的优势，既可以嵌入式安装，又可以灵活的调整照射角度 |
| 10. LED 灯带 | 产品形状像一条带子一样而得名 |
| 11. 线性灯具 | 广泛应用于"无主灯"设计 |
| 12. 浴霸 | 用于卫生间取暖，可以用暖风机替代 |

## 4.4　灯具选购要点

拓展学习：灯具选购要点

扫描二维码学习灯具的选购要点［灯具类型、光源色温（图 2-17）、灯具质量、灯具的节能性］和浴霸的选购要点等。

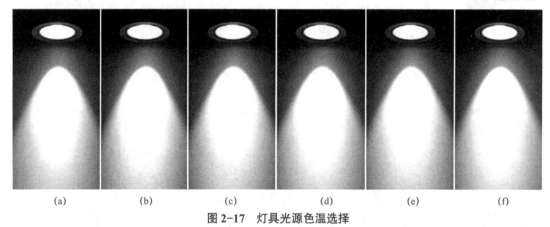

(a)　　　　　(b)　　　　　(c)　　　　　(d)　　　　　(e)　　　　　(f)

图 2-17　灯具光源色温选择

（a）2 700 K 琥珀光；（b）3 000 K 暖光；（c）3 500 K 玥白光；（d）4 000 K 中性光；（e）5 000 K 自然白；（f）6 000 K 白光

🔊 成长小贴士 2-4

### 从简单照明到氛围营造——室内光环境布置的演变

曾几何时，我们的家里只有几盏长灯线垂下或直接固定在墙上的白炽灯泡，灯黄如豆，是那个年代最温馨的记忆；也曾经历一间卧室就一盏吸顶灯的照明方式，并且一直延续到今天；但是我们也看到，各种新颖的灯具开始层出不穷，越来越多的灯光布置方式和照明形态开始涌现，室内光环境已经开始脱离简单照明的基本功能，开始向氛围营造和光环境艺术的方向大步迈进。如今，一个好的室内设计，必定包含着合理、精致、丰富的灯光布置方案；而一个优秀的室内设计从业者，也必定要充分把握灯具演变的动态和光环境设计的趋势，才有可能融入潮流，甚至引领潮流。各种营造氛围的室内灯光如图 2-18 所示。

图 2-18　室内灯光氛围营造

★ **素养闪光点：成为把握时代发展和行业趋势的从业者。**

| 质量检查 |
|---|

| 思考与练习 |
|---|
| 1. 是否了解光的基本概念和照明术语、光照种类、照明方式、照明的布局形式、照明质量、室内照明设计基本原则、室内照明设计的要求？<br>2. 是否了解常用光源种类和具体应用？<br>3. 是否掌握常见装饰灯具类型和具体应用？<br>4. 是否掌握灯具的选购要点？ |

| 岗课赛证 | |
|---|---|
| 扫描二维码进行本任务岗课赛证融通习题的答题，或进入网络平台获取更丰富的学习内容 | <br>岗课赛证习题 |

| 评价反馈 | | | |
|---|---|---|---|
| 学生<br>自评 | 1. 是否了解光的基础知识？□是　□否 | | |
| | 2. 是否了解光源种类及应用？□是　□否 | | |
| | 3. 是否掌握根据实际选用合适的照明方式的能力？□是　□否 | | |
| | 4. 是否对灯具的选购有一定的了解？□是　□否 | | |
| | | 学生签名： | 评价日期： |
| 教师<br>评价 | 教师评价意见： | | |
| | | 教师签名： | 评价日期： |

| 学习心得 | |
|---|---|

| 能力拓展 | |
|---|---|

通过互联网、现场实拍等方式，找到每一种光照种类、照明方式、照明布局形式、常用灯具的更多资料，并以小组为单位制作汇报 PPT

# 任务 5　水电工程施工要点及注意事项

| 任务目标 | |
|---|---|
| 应知理论 | 了解水电工程施工要点和相关的注意事项 |
| 应会技能 | 掌握初步的水电施工基本管理能力 |
| 应修素养 | 1. 具有精益求精、严谨认真、顾客至上的工匠精神。<br>2. 具有严谨、细致的工作态度，这是装饰工程行业从业者的基本素养 |
| **任务分析** | |
| 任务描述 | 通过了解水电工程施工的基本流程、要点和相关的注意事项，掌握初步水电施工的基本管理能力 |
| 任务重点 | 水电施工基本流程 |
| 任务难点 | 水电施工要点和注意事项 |
| **任务计划** | |
| 任务点 | 5.1　水电定位 |
| | 5.2　水路施工 |
| | 5.3　电路施工 |
| **任务实施** | |
| 实施步骤 | 发布任务（明确任务目标）—任务分析—任务计划—任务实施—质量检查—评价反馈—能力拓展 |
| 实施要点 | 在学习任务中做好任务分析、观察思考、小组讨论、小组代表发言、知识拓展、课后练习、自我评价、教师评价等环节 |
| 实施建议 | 详见手册使用总览：要求与建议 |

课件：水电工程施工要点及注意事项　　微课：水电工程施工要点及注意事项　　水电工程施工要点及注意事项全部插图

## ■ 5.1 水电定位

首先要明确以下几点：

（1）水电工程包含水路工程和电路工程两个系统，而水路工程具体又分为上水（给水）系统和下水（排水）系统两个部分。另外，水电工程又整体分为前期隐蔽工程和后期安装工程两个阶段（图2-19）。

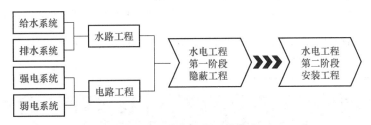

图2-19　水电工程系统示意

（2）为了更加美观，现在的水电工程一般都是采用暗装的形式，即开槽敷设的方式，故也称为隐蔽工程，只有一些简易装修、旧房改造项目为了节省费用而采用明装的方式来布置水电。采用暗装敷设的水电工程由于其隐蔽性，一旦出现问题要查找和整修是相对困难的，因此，水电工程的质量往往是业主和施工方都高度重视的问题，这也是水电工程完工后要进行一次工程验收的原因。

（3）在家装中，为了更好地维护和检修，现在很多做了客餐厅吊顶的家装项目会把水电管线布置在吊顶内（俗称"走天"或"走顶"），这比布置在地板下用水泥砂浆包裹（俗称"走地"）更方便后期维护，水电管线"走地"和"走顶"如图2-20所示。水电施工前需要进行水电定位（表2-12）。

(a)　　　　　　　　　　　　　　　(b)

图2-20　水电管线"走地"和"走顶"

（a）走地；（b）走顶

表 2-12　水电定位

| 水电定位 | |
| --- | --- |
| 基本说明 | 在水电开槽施工前，对水电点位进行定位。可以用粉笔在墙地面进行标注（图 2-21） |
| 施工要点 | 　　1. 设计方通过与业主或建设方进行仔细沟通确认其要求后，在图纸中要对水电点位进行明确表达，如综合天花图、灯具布置图、插座定位图、开关连线图、上水布置图、下水位置图等。<br>　　2. 在开槽施工前，设计方、施工方和业主一定要到工地现场，对照图纸用粉笔进行现场定位，这点对于家装尤其重要。<br>　　3. 定位的内容包括热水器、用水点（尤其是热水点）、下水点；以及灯具、开关、插座和其他电器等用电设备的位置、类型和数量等 |

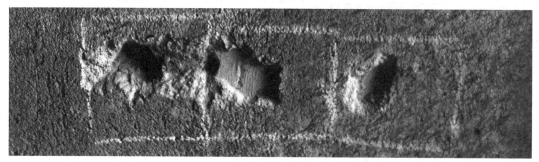

图 2-21　水电点位的墙面定位

## ■ 5.2　水路施工

　　扫描二维码学习水路施工流程（包括准备工作、划线测量、开槽、水管裁切、管道热熔连接／胶粘连接／焊接、水管敷设安装、水路加压测试等）以及其他一些注意事项。

拓展学习：水路施工

## ■ 5.3　电路施工

　　扫描二维码学习电路施工流程（包括准备工作、测量划线、开槽、管道预处理、布管、布线、检测、封槽、插座布置、开关布置、电器安装等）以及其他一些注意事项。

视频：电线穿线现场　　拓展学习：电路施工

🔊 **成长小贴士 2-5**

### 工匠精神——精益求精、严谨认真、顾客至上

　　水电隐蔽工程之所以重要，就是因为其隐蔽性和重要性。一方面，水电隐蔽工程往往是隐藏在地面、墙面的瓷砖下、水泥砂浆中，或隐藏在吊顶内，一旦出现问题，检查和维修都极为

困难；另一方面，水电又是日常生活中随时要用、离不开的重要必需品，一旦出现问题就会对生活造成影响，严重的还会危及生命。而水电隐蔽工程的质量，是由一个又一个接头、一根又一根连线、一段又一段管道组成的，这就要求施工人员本着高度负责的精神和严谨认真的态度来进行工作，这就是工匠精神。

★ **素养闪光点**：严谨细致的工作态度是装饰工程行业从业者的基本素养。

| 质量检查 | | |
|---|---|---|
| **思考与练习** | | |
| 1. 是否了解和掌握水路工程的施工流程、要点和要求？<br>2. 是否了解和掌握电路工程的施工流程、要点和要求？ | | |
| **岗课赛证** | | |
| 扫描二维码进行本任务岗课赛证融通习题的答题，或进入网络平台获取更丰富的学习内容 | | <br>岗课赛证习题 |
| **评价反馈** | | |
| 学生<br>自评 | 1. 是否熟悉家装水路工程施工的基本流程？□是　□否 | |
| | 2. 是否了解家装水路工程施工的基本要点？□是　□否 | |
| | 3. 是否熟悉家装电路工程施工的基本流程？□是　□否 | |
| | 4. 是否了解家装电路工程施工的基本要点？□是　□否 | |
| | 学生签名：　　　　　评价日期： | |
| 教师<br>评价 | 教师评价意见： | |
| | 教师签名：　　　　　评价日期： | |
| 学习<br>心得 | | |
| **能力拓展** | | |
| 仔细观察自己寝室的水电布置，尝试绘制寝室的水电图纸，包括灯具定位图、开关连线图、插座布置图、水路布置图等 | | |

# 项目3　泥水工程材料

　　泥水工程（在我国北方也称为瓦工）是装修施工中的重要部分，在家装项目中是工程量最大的工种，在工装等其他项目中也占据很重要的位置。其特点如下：

　　（1）内容多、项目丰富，如封线槽、砌墙、贴墙/地面瓷砖、贴石材、墙地面防水、砌水池/灶台/蹲便器等都属于泥水工程的范畴。

　　（2）体力劳动占比大，无论是拌制水泥砂浆还是搬动瓷砖石材，都会耗费大量的体力，尤其是现在瓷砖板材越做越大、极为沉重，更是一人难以完成施工。因此，泥工往往都是年轻人从事，年纪渐长后会逐渐力不从心，这个时候就可以转而从事施工监理等工作，用自己丰富的工地经验进一步发挥所长，对装饰工程中的材料使用和施工工艺进行把控。

# 任务1　泥水工程辅料

| 任务目标 | |
|---|---|
| 应知理论 | 了解泥水工程辅料基础知识，掌握泥水工程辅料的种类、性能和规格 |
| 应会技能 | 掌握根据实际情况选用合适的泥水工程辅料的能力 |
| 应修素养 | 1．树立质量观念：材料分主次，但质量不分主次，一钉一砖皆是匠心。<br>2．每个人在平凡的岗位上做好自己的本职工作都是伟大的 |
| 任务分析 | |
| 任务描述 | 了解泥水工程辅料的概念，学习掌握泥水工程辅料的常见种类、基本性能、主要规格和具体应用，了解使用泥水工程辅料的注意要点 |
| 任务重点 | 水泥的性能和应用 |
| 任务难点 | 砖、钉的种类和应用 |
| 任务计划 | |
| 任务点 | 1.1　水泥、砂 |
| | 1.2　砖、钉 |
| | 1.3　泥水工程辅料选购要点 |
| 任务实施 | |
| 实施步骤 | 发布任务（明确任务目标）—任务分析—任务计划—任务实施—质量检查—评价反馈—能力拓展 |
| 实施要点 | 在学习任务中做好任务分析、观察思考、小组讨论、小组代表发言、知识拓展、课后练习、自我评价、教师评价等环节 |
| 实施建议 | 详见手册使用总览：要求与建议 |

课件：泥水工程辅料　　　微课：泥水工程辅料　　　泥水工程辅料全部插图

## ■ 1.1　水泥、砂

　　装修材料可以分为主材和辅料两种。主材是指装修的主要材料，包括瓷砖、洁具、地板、橱柜、灯具、门、楼梯、乳胶漆等；辅材则是指辅助性材料，如水泥、砂等。前文已经提到，装修公司承包辅材、业主自购主材的方式为"半包"；装修公司承包主材和辅材的方式为"全包"。辅料的种类非常多，本书将在各个工程类别中逐一进行介绍。前文学习的水电隐蔽工程材料，包括电线、电线套管、水管、相关构件等，也是属于"半包"中需要包含的内容。

1. 水泥

水泥是一种粉状水硬性无机胶凝材料，是现代建筑和装饰装修的基本材料。人类长期以来所使用的建筑材料都有很多缺点，而水泥这种材料兼具了土木材料和石材的优点，造价低、经久耐用，更重要的是施工效率极高，因此，可以说水泥的成熟应用带来了建筑行业和人类社会样貌的革命性飞跃（图3-1）。

图 3-1　现代水泥工厂

简易的水泥的相关特性与规格见表3-1，完整版扫描二维码查看。

表 3-1　水泥的相关特性与规格（简）　　　　拓展学习：水泥、砂

| 基本概念 | | |
|---|---|---|
| 序号 | | 说明 |
| 一 | | 一种经高温煅烧磨细后的无机胶凝材料，呈粉末状，与适量的水混合后形成可塑性的浆体，再经一系列的物理化学变化，形成坚硬的石状物 |
| 基本分类 | | |
| 序号 | 类别 | 细分和说明 |
| （1） | 通用水泥 | 是指一般土木建筑工程通常采用的水泥。即《通用硅酸盐水泥》（GB 175—2007）规定的六大类水泥（图3-2）　①硅酸盐水泥；②普通硅酸盐水泥；③矿渣硅酸盐水泥；④火山灰质硅酸盐水泥；⑤粉煤灰硅酸盐水泥；⑥复合硅酸盐水泥 |
| | | 注：硅酸盐水泥主要成分包括氧化钙（CaO）、二氧化硅（$SiO_2$）、三氧化二铁（$Fe_2O_3$）、三氧化二铝（$Al_2O_3$）等 |

| | | | |
|---|---|---|---|
| （1） |  图3-2　六大类通用水泥 | | |
| （2） | 特种水泥 | 是指具有特殊性能或用途的水泥 | ①G级油井水泥；<br>②快硬硅酸盐水泥；<br>③道路硅酸盐水泥；<br>④铝酸盐水泥；<br>⑤硫铝酸盐水泥 |
| （3） | 装饰水泥 | 装饰行业中使用的水泥（图3-3） | ①黏结用水泥；<br>②白色硅酸盐水泥；<br>③彩色硅酸盐水泥 |
| | 图3-3　白色硅酸盐水泥和彩色硅酸盐水泥 | | |

| 基本应用 | | | |
|---|---|---|---|
| 序号 | 行业 | 说明 | |
| （1） | 建筑和特种行业 | 建筑行业一般采用通用水泥，即各类硅酸盐水泥；其他特种行业则会视情况采用特种水泥。这些大型工程一般都是在商品混凝土公司预制好后使用混凝土搅拌车运至工地进行浇筑 | |
| （2） | 装饰装修行业 | ①装饰装修行业一般采用普通硅酸盐水泥，按袋包装，按袋或按吨购买。袋装水泥一袋50 kg，一吨20袋。<br>②有颜色需要的情况下会使用白色硅酸盐水泥和彩色硅酸盐水泥 | |

| | | 相关特性和质量要求 | |
|---|---|---|---|
| 序号 | 名称 | 说明 | |
| （1） | 强度等级 | ①六大水泥中的硅酸盐水泥分为三个等级6个类型，即42.5、42.5R、52.5、52.5R、62.5、62.5R。<br>②六大水泥中的普通硅酸盐水泥分为两个等级4个类型，即42.5、42.5R、52.5、52.5R。<br>③六大水泥中的矿渣硅酸盐水泥、火山灰质硅酸盐水泥、粉煤灰硅酸盐水泥分三个等级6个类型，即32.5、32.5R、42.5、42.5R、52.5、52.5R。<br>④六大水泥中的复合硅酸盐水泥分两个等级4个类型，即42.5、42.5R、52.5、52.5R | |
| | | 注：①水泥等级数值越大，强度越高；<br>②其中"R"代表"早强性"。普通水泥一般28天完全达到强度要求，早强水泥3天即能达到强度要求的80% | |
| （2） | 生产指标 | ①相比密度与堆积密度 | 标准水泥相比密度为3.1，堆积密度通常采用1 300 kg/m³ |
| | | ②细度 | 指水泥颗粒的粗细程度。颗粒越细，硬化得越快，早期强度也越高 |
| | | ③凝结时间 | a. 初凝时间（开始凝结）：45 min。<br>b. 终凝时间（失去塑性）：不超过6.5 h，最迟不超过10 h |
| | | ④强度 | 水泥强度应符合国家标准 |
| | | ⑤体积安定性 | 指水泥在硬化过程中体积变化的均匀性能。水泥中含杂质较多，会产生不均匀变形 |
| | | ⑥水化热 | 水泥与水作用会产生放热反应，在水泥硬化过程中，不断放出的热量称为水化热 |
| | | ⑦标准稠度 | 指水泥净浆对标准试杆的沉入具有一定阻力时的稠度 |
| （3） | 施工要求 | ①忌受潮结硬；②忌曝晒速干（图3-4）；③忌负温受冻；④忌高温酷热；⑤忌基层脏软；⑥忌受酸腐蚀<br><br><br><br>图3-4　水泥在硬化过程中需要浇水养护 | |
| （4） | 质量要求 | 水泥出厂质量合格证应有生产厂家质量部门的盖章；其试验报告应有试验编号；水泥28 d强度补报单；查看水泥的有效期等 | |

2．水泥砂浆

水泥砂浆的相关特性与规格见表 3-2。

表 3-2　水泥砂浆的相关特性与规格

| 基本概念 | | |
| --- | --- | --- |
| 序号 | | 说明 |
| （1） | | 水泥＋砂＋水＝水泥砂浆 |
| （2） | | 水泥、砂、水的质量比一般是 1：2.5：0.65 或 1：3：0.65 |
| （3） | | 水泥砂浆在建筑工程中，一是基础和墙体砌筑，用做块状砌体材料的胶粘剂，如砌毛石、红砖要用水泥砂浆；二是用于室内外抹灰；三是用于形成地面瓷砖下的基础厚度（图 3-5）<br><br>**图 3-5　拌制水泥砂浆并用于地面瓷砖下的基础厚度** |
| （4） | | 水泥砂浆在使用时，还要经常掺入一些添加剂如微沫剂、防水粉等，以改善它的和易性与黏稠度 |
| 基本分类 | | |
| 序号 | 类别 | 细分和说明 |
| （1） | 按采砂地分类 | ①河砂    建筑工程和装饰装修工程主要的用砂来源（图 3-6）<br><br>**图 3-6　建筑工程和装饰装修工程的用砂来源** |
| | | ②山砂    杂质较多 |
| | | ③海砂    具有强烈的腐蚀性，不得用于工程施工 |

| （2） | 按粒径分类 | ①细砂 | 粒径 0.25 ～ 0.35 mm 为细砂 |
|---|---|---|---|
| | | ②中砂 | 粒径 0.35 ～ 0.5 mm 为中砂。中砂在装饰装修行业使用较多（图 3-7）   图 3-7 中砂装袋 |
| | | ③粗砂 | 粒径 0.5 mm 以上的为粗砂 |

| 强度等级 | |
|---|---|
| 序号 | 细分和说明 |
| （1） | 水泥砂浆及预拌砌筑砂浆强度等级可分为 M5、M7.5、M10、M15、M20、M25、M30 |
| （2） | 100 号水泥砂浆是指它的强度是 100 kg/cm²，即 M10。以常用的 42.5 普通硅酸盐水泥、中砂配 100（M10）砌筑砂浆为例：每立方米砂浆配比为：水泥 305 kg；砂 1.10 m³；水 183 kg |

## 3. 混凝土（砼）

简易的混凝土的相关特性与规格见表 3-3，完整版扫描二维码查看。

拓展学习：混凝土的相关特性与规格

表 3-3　混凝土的相关特性与规格（简）

| 基本概念 | |
|---|---|
| 序号 | 说明 |
| （1） | 水泥＋砂＋骨料（集料）＋水＝混凝土（简称砼） |

| （2） | 骨料一般是卵石、碎石等，可分为粗骨料和细骨料 |
|---|---|
| （3） | 混凝土是当代最主要的建筑工程材料之一（图3-8）<br><br>图3-8　当代最主要的建筑材料之一——混凝土 |

**技术指标**

和易性；强度；变形；耐久性

**基本分类**

| 序号 | 分类标准 | 说明 |
|---|---|---|
| （1） | 按胶凝材料分类 | ①无机胶凝材料混凝土类；②有机胶结料混凝土类 |
| （2） | 按表观密度分类 | ①重混凝土类；②普通混凝土类；③轻质混凝土类 |
| （3） | 按使用功能分类 | 此类有结构混凝土、保温混凝土、防水混凝土等 |
| （4） | 按施工工艺分类 | ①此类有离心混凝土、真空混凝土、泵送混凝土等；<br>②按配筋方式分有素（无筋）混凝土、钢筋混凝土等 |
| （5） | 按和易性分类 | 此类有干硬性混凝土、半干硬性混凝土等 |

**应用方法**

| 序号 | 方法 | 说明 |
|---|---|---|
| （1） | 少量拌制 | 可以使用小型混凝土搅拌机进行现场拌制 |

| | | |
|---|---|---|
| （2） | 大量浇筑 | 大量浇筑用混凝土一般是从商业混凝土公司进行购买，公司根据使用需要预先进行调制，包括水泥、骨料、水和各类添加剂等，再通过混凝土搅拌车一路拌制运送至浇筑地点，之后再对接使用混凝土泵车进行浇筑（图3-9） |

图3-9　混凝土出厂、运输、泵送、浇筑的过程

🔊 知识链接 3-1

## 水泥发展简史

了解水泥这种性能神奇出众、现在举足轻重的建筑材料的诞生和发展过程，感悟材料的进步对人类社会发展和建筑形态变化的重要推动作用。扫描二维码进行学习。

知识链接：水泥发展简史

# ■ 1.2　砖、钉

### 1. 砖

砖是建筑用的人造小型块材，分为烧结砖（主要指黏土砖）和非烧结砖（灰砂砖、粉煤灰砖等），俗称砖头。黏土砖以黏土（包括页岩、煤矸石等粉料）为主要原料，经泥料处理、成型、干燥而焙烧而成。中国在春秋战国时期陆续创制了方形砖和长形砖，秦汉时期制砖的技术和生产规模、质量和花式品种都有显著发展，世称"秦砖汉瓦"。常用砖类型见表3-4。

表 3-4　常用砖类型

| 序号 | 名称 | 说明 |
|---|---|---|
| （1） | 实心红砖 | 烧结型黏土砖，标准规格为 240 mm×115 mm×53 mm（长：宽：厚的比例为 4：2：1）。砖间灰缝为 10 mm（即水泥砂浆层厚度）(图 3-10)。砌筑方式有一顺一丁、多顺一丁、十字式等（图 3-11）。<br><br><br>图 3-10　实心红砖和砖间灰缝<br><br><br>（a）　　　　　（b）　　　　　（c）<br>图 3-11　240 墙常见的砌筑方式<br>（a）一顺一丁式；（b）多顺一丁式；（c）十字式 |
|  | 实心红砖墙厚规格（图 3-12） | 1）半砖墙实际厚度 115 mm，一般用于卫生间隔墙等非承重墙，俗称"120 墙"或"一二墙"，一般为全顺式砌法，一平方米的用砖量约为 64 块；<br>2）3/4 砖墙实际厚度 178 mm，俗称"180 墙"或"一八墙"，是在 120 墙的基础上加上侧方砖铺设而成，一平方米的用砖量约为 96 块；<br>3）一砖墙实际厚度为 240 mm，一般用于称重隔墙，俗称"240 墙"或"二四墙"；如前文所述有多种砌筑方式，一平方米的用砖量约为 128 块；<br>4）一砖半实际厚度为 365 mm（包括 10 mm 灰缝），俗称"370 墙"或"三七墙"，一平方米的用砖量约为 192 块<br><br><br>（a）　　　（b）　　　（c）　　　（d）<br>图 3-12　常见的实心红砖墙厚砌法<br>（a）120 墙；（b）180 墙；（b）240 墙；（d）370 墙 |
| | | 现在在建筑行业中，实心红砖使用较少，主要的问题在于黏土使用量过大，会对耕地造成较为严重的破坏。因此，从节约土地资源的角度出发，现在一般使用多孔砖或非烧结型砖进行建筑砌筑 |

| 序号 | 名称 | 说明 |
|------|------|------|
| （2） | 多孔砖 | 1）多孔砖具有生产能耗低、节土利废、施工方便和体轻、强度高、保温效果好、耐久、收缩变形小、外观规整等特点。是目前主流的建筑砌筑用砖（图3-13）；<br><br><br>**图3-13　多孔砖**<br><br>2）尺寸上分为 P 型（240 mm×115 mm×90 mm）和 M 型（190 mm×190 mm×90 mm）等，材质上分为烧结型（空洞率≥15%）和非烧结型（混凝土型，空洞率≥30%）；多孔砖可用于承重 |
| （3） | 空心砖 | 空心砖的空洞率大于35%，空洞的尺寸大而数量少，一般用于非承重砌体，如围墙等（图3-14）；<br><br><br>**图3-14　空心砖**<br><br>空心砖也分为烧结型和非烧结型等类型 |
| （4） | 泡沫砖 | 1）以水泥、矿渣粉等为原料，经压力空气发泡，形成微气泡结构蒸压制作而成，质轻（混凝土1/6左右）抗震性好（多孔型）、隔声和隔热效果较好（图3-15）；<br><br><br>**图3-15　泡沫砖**<br><br>2）规格一般长600 mm左右、高200～300 mm、宽100～250 mm；<br>3）由于泡沫砖质量轻、尺寸大，因此砌筑效率很高，特别适合用于砌筑非承重墙体 |

| 序号 | 名称 | 说明 |
|------|------|------|
| （5） | 蒸压粉煤灰砖 | 以粉煤灰、石灰为主要原料，掺加适量石膏和骨料，经坯料制备、压制成型、高压蒸汽养护而成，尺寸与红砖一致；其主要优点在于节土利废，是实心红砖的替代品（图3-16）<br>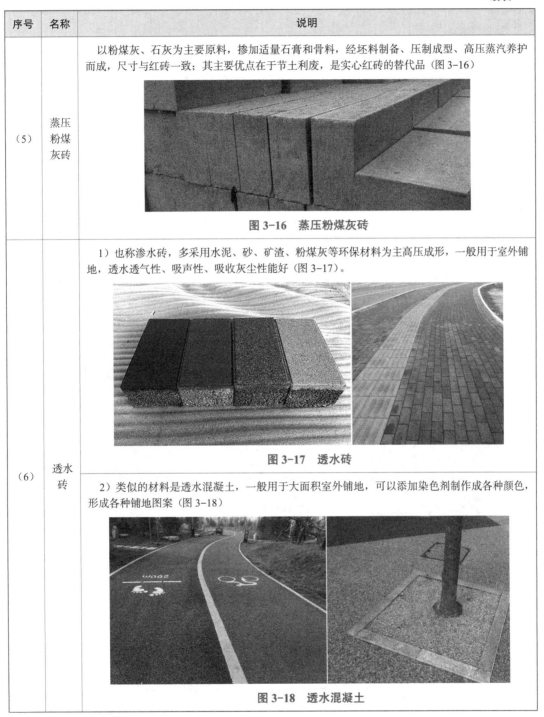<br>图 3-16　蒸压粉煤灰砖 |
| （6） | 透水砖 | 1）也称渗水砖，多采用水泥、砂、矿渣、粉煤灰等环保材料为主高压成形，一般用于室外铺地，透水透气性、吸声性、吸收灰尘性能好（图3-17）。<br>图 3-17　透水砖<br>2）类似的材料是透水混凝土，一般用于大面积室外铺地，可以添加染色剂制作成各种颜色，形成各种铺地图案（图3-18）<br>图 3-18　透水混凝土 |

**2. 钉**

钉子是指尖头状的硬金属（通常是铁或钢），用于连接固定。使用时，通过锤子将钉子钉入物品，现在也有气钉枪、电钉枪等。钉子是装修中最常见的辅材之一，常用钉类型见表3-5。

表 3-5　常用钉类型

| 序号 | 名称 | 说明 |
|---|---|---|
| （1） | 圆钉<br>[图 3-19（a）] | 头部圆扁，下身光滑圆柱，底部尖形。按材质可分为铁钉和水泥钢钉（可钉入混凝土），尺寸规格很多 |
| （2） | 麻花钉<br>[图 3-19（b）] | 在圆钉的基础上增加麻花状钉身，目的是加强着钉力 |
| （3） | 螺丝钉<br>[图 3-19（c）] | 钉身有螺纹，旋转钉入，头部有一字、十字或其他类型；有自攻螺钉、木牙螺钉、纹钉、铜制纹钉、特种螺纹钉等类型 |
| （4） | 拼钉<br>[图 3-19（d）] | 主要特点是两头尖，适用于木板拼接 |
| （5） | 射钉<br>[图 3-19（e）] | 与气钉枪配合使用，黏结成排，使用方便，钉眼小。其一般用于木工 |
| （6） | 码钉<br>[图 3-19（f）] | 类似于订书钉，槽型，一般与钉枪或气枪配合使用 |
| （7） | 螺栓 | 1）与螺帽配套使用，用于各种固定、组合 [图 3-20（a）]。<br>2）膨胀螺栓一般钉入墙体，用于吊挂固定 [图 3-20（b）] |

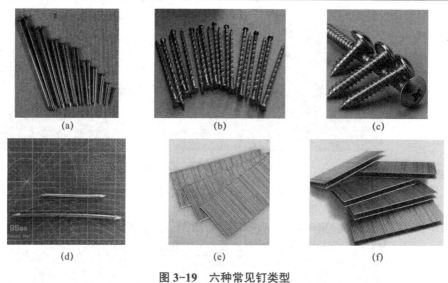

（a）　　　　　　　　　（b）　　　　　　　　　（c）

（d）　　　　　　　　　（e）　　　　　　　　　（f）

图 3-19　六种常见钉类型

（a）圆钉；（b）麻花钉；（c）螺丝钉；（d）拼钉；（e）射钉；（f）码钉

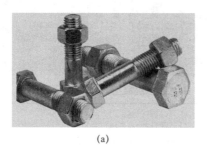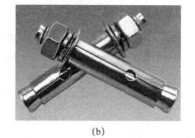

（a）　　　　　　　　　　　　　　　　　（b）

图 3-20　螺栓和膨胀螺栓

（a）螺栓；（b）膨胀螺栓

## 1.3 泥水施工辅料选购要点

扫描二维码学习水泥、砂等泥水工程施工辅料的选购要点。

拓展学习：泥水施
工辅料选购要点

### 成长小贴士 3-1

#### 一钉一砖皆是匠心

装饰装修材料有主次之分，但是工程质量没有主次之分，砌好每一块砖、打好每一枚钉，这就是匠心。同时，我们每个人也都像这个国家、这个社会的一枚螺丝钉，在平凡的岗位上做好自己的本职工作，本身就是一种伟大。

★ **素养闪光点：材料分主次，但质量不分主次。**

| 质量检查 | | |
|---|---|---|
| **思考与练习** | | |
| 1. 是否了解和掌握水泥、砂等材料的性能、规格和基本用法？<br>2. 是否了解和掌握砖、钉等材料的性能、规格和基本用法？<br>3. 是否了解泥水工程辅料的选购要点？ | | |
| **岗课赛证** | | |
| 请扫描二维码进行本任务岗课赛证融通习题的答题，或进入网络平台获取更丰富的学习内容 | <br>岗课赛证习题 | |
| **评价反馈** | | |
| 学生<br>自评 | 1. 是否掌握水泥、砂常见种类、性能和规格？□是　□否 | |
| | 2. 是否熟悉水泥砂浆和混凝土的含义、用途和要点？□是　□否 | |
| | 3. 是否掌握砖、钉的常见种类、性能和规格？□是　□否 | |
| | 4. 是否了解泥水工程辅料的选购要点？□是　□否 | |
| | 学生签名：　　　　　　　　评价日期： | |
| 教师<br>评价 | 教师评价意见：<br><br>教师签名：　　　　　　　　评价日期： | |
| 学习<br>心得 | | |

| 能力拓展 |
|---|
| 通过互联网、现场实拍等方式，找到泥水工程辅料的更多资料，并以小组为单位制作汇报 PPT |

# 任务 2　胶凝材料

| 任务目标 | |
|---|---|
| 应知理论 | 了解胶凝材料的基础知识；掌握其相关种类、性能和规格 |
| 应会技能 | 具有掌握根据实际情况选用合适的胶凝材料的能力 |
| 应修素养 | 具有因材施教，各尽其用的职业能力 |
| **任务分析** | |
| 任务描述 | 了解胶凝材料的概念，学习掌握胶凝材料的常见种类、基本性能、主要规格和具体应用，了解使用胶凝材料的注意要点 |
| 任务重点 | 泥水工程胶凝材料 |
| 任务难点 | 硅酮类胶凝材料 |
| **任务计划** | |
| 任务点 | 2.1　泥水工程胶凝材料 |
| | 2.2　木工工程胶凝材料 |
| | 2.3　墙面工程胶凝材料 |
| | 2.4　其他胶凝材料 |
| | 2.5　胶凝材料选购要点 |
| **任务实施** | |
| 实施步骤 | 发布任务（明确任务目标）—任务分析—任务计划—任务实施—质量检查—评价反馈—能力拓展 |
| 实施要点 | 在学习任务中做好任务分析、观察思考、小组讨论、小组代表发言、知识拓展、课后练习、自我评价、教师评价等环节 |
| 实施建议 | 详见手册使用总览：要求与建议 |

课件：胶凝
材料

微课：胶凝
材料

胶凝材料全部
插图

胶凝材料是施工中必不可少的胶水黏结材料或涂抹凝固材料，种类丰富。除泥水工程中的瓷砖胶、云石胶等材料外，还有木工工程、墙面工程和其他一些胶凝材料，也在此一并介绍。

## 2.1 泥水工程胶凝材料

泥水工程中胶凝材料一般用于瓷砖和石材的粘贴、勾缝或修补，以及墙地防水材料。泥水工程常用胶凝材料见表3-6。

表3-6 泥水工程常用胶凝材料

| 序号 | 名称 | | 说明 |
|---|---|---|---|
| 1 | 界面剂 | | （1）界面剂也称"墙固"，主要用于对墙面进行预处理，改善毛坯墙面沙粉化情况，提高界面附着力，提高腻子、水泥砂浆或瓷砖胶等与墙体表面的粘接强度，防止空鼓；同时还有防潮、防霉、防止尘土飞扬的效果。<br>（2）地面也可以涂刷界面剂，称为"地固"。由于墙固通常是黄色，地固通常为绿色，所以也称为"黄墙绿地"；涂刷墙固和地固后，不但有上述的功能，也便于走线和放样，在黄绿底色的衬托下效果更加直观（图3-21）<br><br>图3-21 界面剂与"黄墙绿地" |
| 2 | 瓷砖胶 | （1）基本概念 | 瓷砖胶粘剂是一种聚合物改性的水泥基瓷砖胶，分成1号（普通型）、2号（增强型）和3号（较大尺寸瓷砖或大理石）等品种 |
| | | （2）基本用途 | 用于粘贴瓷砖（主要用于墙面砖），黏结强度高，空鼓少，比水泥砂浆更为牢固（图3-22），是水泥砂浆的直接替代品。尤其是现在瓷砖有大板化趋势，普通的水泥砂浆已经不能承受如此沉重的瓷砖上墙，就必须使用瓷砖胶了<br><br>图3-22 水泥黏性弱、易空鼓、容易造成脱落 |

| 序号 | 名称 | | 说明 |
|---|---|---|---|
| 2 | 瓷砖胶 | （3）施工要点 | 施工时用齿型刮板将胶浆涂抹于工作面之上，使之均匀分布，并成一条条齿状（调整刮板与工作面夹角来控制胶浆厚度)(图3-23) 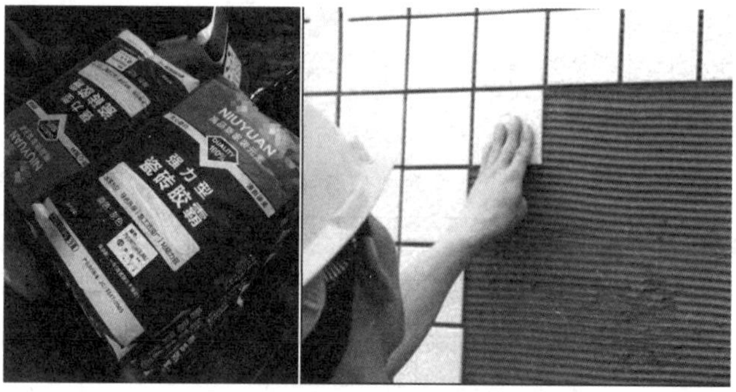<br><br>图3-23　瓷砖胶 |
| 3 | 云石胶 | （1）基本概念 | 1）主要成分为环氧树脂和不饱和树脂；<br>2）云石胶性能优良，主要体现在硬度、韧性、快速固化、抛光性、耐候、耐腐蚀等方面；<br>3）是一种用于石材的胶凝材料（图3-24） 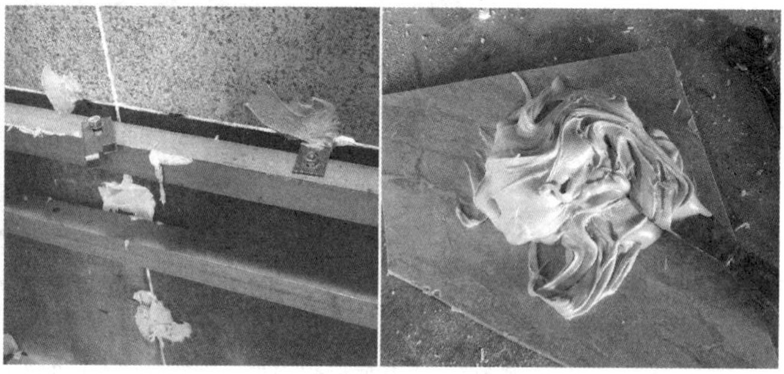<br><br>图3-24　云石胶 |
| | | （2）基本用途 | 常用于快速定位或石材修补，适用于各类石材间的黏结或修补石材表面的裂缝和断痕，常用于各类型铺石工程及各类石材的修补、黏结定位和填缝 |
| 4 | 胶条 | | 也称热熔胶棒，要配合热熔胶枪使用，是一种日常生活中常见的打胶工具，在装饰装修中一般用于修补空隙或裂缝（图3-25） <br><br>图3-25　热熔胶棒和胶枪 |

| 序号 | 名称 | | 说明 |
|---|---|---|---|
| 5 | 防水涂料 | （1）基本概念 | 由多种水性聚合物合成的乳液与掺有各种添加剂的优质水泥组成，在抗渗性与稳定性方面表现优异，还有施工方便、综合造价低、工期短且无毒环保等优点（图3-26） <br><br><br><br>图 3-26　防水涂料 |
| | | （2）基本用途 | 1）水泥地面和墙体会发生渗水，因此要在容易积水的位置刷防水涂料，形成类似"橡皮桶"的桶装闭合，从而有效防止渗水；<br>2）室内的使用场合主要包括厨房、卫生间、阳台等容易积水的位置，并且墙面和地面都要涂刷到位 |
| | | （3）施工要点 | 1）"墙刚、地柔"；<br>2）在门洞处要做好止水坎（图3-27）； <br><br><br><br>图 3-27　"墙刚、地柔"和门洞处的止水坎<br>3）防水施工完成后必须进行一次 24 ～ 48 h 的闭水试验，检查防水效果 |

| 序号 | 名称 | | 说明 |
|------|------|------|------|
| 6 | 填缝材料 | （1）填缝剂 | 1）填缝剂也称勾缝剂，用于嵌填墙地砖的缝隙。最早的填缝材料一般是用白水泥，填缝剂则是白水泥的升级版，都是属于水泥基类材料；有白色、灰色、黑色等不同颜色（图3-28）； 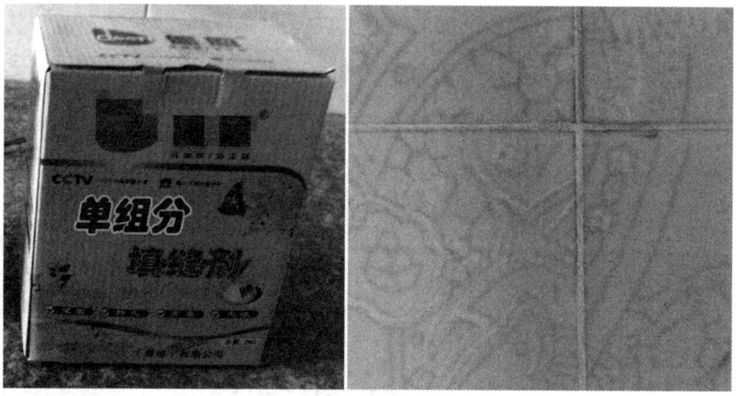<br><br>图3-28　填缝剂<br>2）填缝剂防水防污性较差，容易坍缩、掉粉、发霉，已经基本被美缝剂所取代 |
| | | （2）美缝剂 | 1）美缝剂是树脂基类材料，现在都是双组份（环氧树脂＋固化剂），使用时直接双组调和使用，固化后不坍缩，硬度高，光洁如瓷，是目前主流的填缝材料（图3-29）； 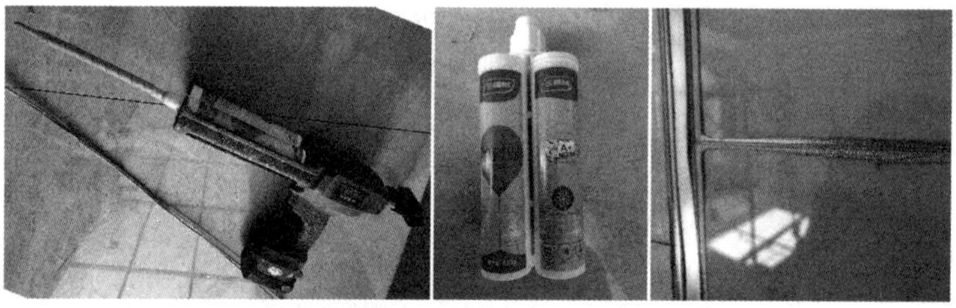<br><br>图3-29　美缝剂<br>2）相关工具如图3-30所示 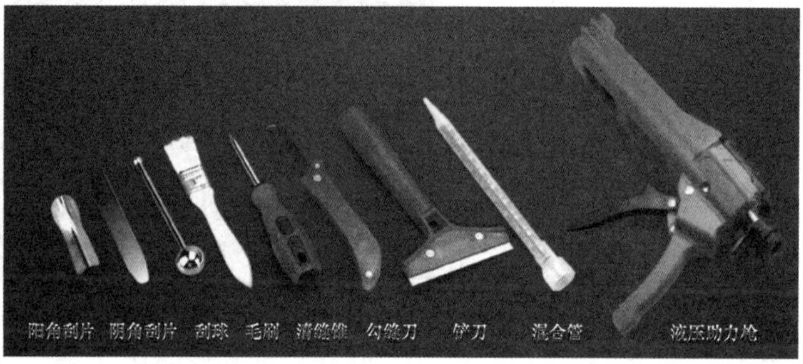<br><br>图3-30　美缝工具 |

## ■2.2 木工工程胶凝材料

木工工程中胶凝材料一般用于木制品基层或面层的粘结。重点学习白乳胶（表3-7）、万能胶、502胶等，扫描二维码进行学习。

拓展学习：木工工程胶凝材料

表3-7　木工工程常用胶凝材料（简）

| 序号 | 名称 | 说明 |
|---|---|---|
| 1 | 白乳胶 | （1）白乳胶是用途最广、用量最大、历史最悠久的水溶性胶粘剂之一，是由醋酸乙烯单体在引发剂作用下经聚合反应而制得的一种热塑性胶粘剂。<br>（2）由于具有成膜性好、粘结强度高、可常温固化、固化速度快、耐稀酸稀碱性好、使用方便、价格低、不含有机溶剂、黏结层具有较好的韧性和耐久性且不易老化等特点，被广泛应用于木材、家具、装修、印刷、纺织、皮革、造纸等行业（图3-31）<br>图3-31　白乳胶 |
| 2 | 其他 | （1）万能胶是广泛用于建筑装饰和五金维修行业的一类溶剂型胶粘剂，粘接范围广、使用方便，一般可用于木材、铝塑板、皮革、人造革、塑料、橡胶、金属等软硬材料的粘接。<br>（2）502胶无色透明、低粘度、可燃性液体，无溶剂，稍有刺激味、易挥发，可用于钢铁、有色金属、陶瓷、木材、玻璃及柔性材料橡胶制品、皮鞋、软、硬塑胶等的粘合 |

## ■2.3 墙面工程胶凝材料

墙面工程中胶凝材料一般用于腻子调制或裱糊工程。重点学习108胶、熟胶粉、107胶、壁纸胶（表3-8）等，扫描二维码进行学习。

拓展学习：墙面工程胶凝材料

表3-8　墙面工程常用胶凝材料（简）

| 序号 | 名称 | 说明 |
|---|---|---|
| 1 | 107胶 | 107胶是用作建筑胶粘剂及各种内外墙涂料、地面涂料的基料；由于甲醛含量严重超标，已经在家庭装修中禁止使用 |

| 序号 | 名称 | 说明 |
|---|---|---|
| 2 | 108胶 | （1）108胶，又称聚乙烯醇缩甲醛胶，是以聚乙烯醇与甲醛在酸性介质中进行缩合反应而制得的一种高分子黏结溶液，属半透明或透明水溶液。<br>（2）108胶无臭、无味、低毒，有良好的黏结性能，粘结强度可达0.9 MPa。它在常温下能长期储存，但在低温状态下易发生冻胶，长时间放在高温条件下可能会发霉变污。<br>（3）108胶除可用于壁纸、墙布的裱糊外，还可用作室内外墙面、地面涂料的配置材料，与腻子粉掺合成膏状物，可用于室内外墙面的基层处理（图3-32）；在普通水泥砂浆内加入108胶后，能增加砂浆与基层的黏结力 <br><br>图3-32　108胶与腻子粉调和成腻子膏 |
| 3 | 熟胶粉 | 熟胶粉是将马铃薯淀粉经特殊改性处理烘干而成的变性淀粉。一般用于腻子粉添加剂，与腻子粉混合增加腻子粘合度，令墙面更加光滑、更不易开裂、更不易发霉（图3-33） <br><br>图3-33　腻子膏中会加入一定比例的熟胶粉，用以增加黏性 |
| 4 | 壁纸胶 | 壁纸胶也称墙纸胶，一般用于壁纸粘贴。采用天然植物马铃薯淀粉为原料，可以直接刷胶或加水混合调制成胶 |

## 2.4 其他胶凝材料

其他胶凝材料主要是硅酮类胶凝材料（表 3-9）。

表 3-9　硅酮类胶凝材料

| 序号 | 名称 | 说明 |
|------|------|------|
| 1 | 玻璃胶 | 　一般用于玻璃窗的玻璃黏结密封固定，故称为玻璃胶，也用于洁具与墙面的填缝固定、木线垭口处等（图 3-34）<br><br>图 3-34　玻璃胶 |
| 2 | 硅酮耐候密封胶 | 　（1）硅酮耐候密封胶是以聚二甲基硅氧烷为主要原料，辅以交联剂、填料、增塑剂、偶联剂、催化剂在真空状态下混合而成的膏状物，在室温下通过与空气中的水发生反应，从而固化形成弹性硅橡胶（图 3-35）。<br><br>图 3-35　硅酮耐候密封胶<br>　（2）硅酮耐候密封胶是用于幕墙板块间接缝密封的硅酮密封胶的通称，用于门窗以及机场、高速公路、其他公路、桥梁等密封的硅酮密封胶在性能和功能上与硅酮耐候密封胶基本一样，可以参照耐候胶的性能指标，结合实际胶缝结构来使用 |

| 序号 | 名称 | 说明 |
|---|---|---|
| 3 | 硅酮结构密封胶 | （1）硅酮结构密封胶，也称硅酮结构胶，是在玻璃幕墙中用于板材与金属构架、板材与板材、板材与玻璃肋之间的结构用硅酮黏合材料。<br>（2）硅酮结构密封胶是隐框和半隐框幕墙的主要受力材料，也是影响玻璃幕墙安全的重要因素。其具有耐紫外线、耐臭氧、耐气候老化性好、黏结力强等性能（图3-36）<br><br>图3-36　硅酮结构密封胶 |

## 2.5　胶凝材料选购要点

（1）首先需要了解各种胶粘剂的性能和适用的材料，根据材料的种类和需要进行选购。

（2）胶粘剂的质量需要从气味、固化效果和黏度等几个方面考察。通常是气味越小越好，越小说明含有的有毒有害物质越少，而固化效果和黏度越高越好，可以用一点试试看。

（3）一定要购买正规品牌产品，注意检查包装上的出厂日期、规格型号、使用说明、注意事项等内容，严格按照规范要求进行使用和施工。

### 成长小贴士 3-2

**充分把握材料特性和应用场合**

瓷砖胶适用于瓷砖粘贴，云石胶适用于石材的黏结，白乳胶则适用于木工工程，而熟胶粉是墙面腻子的组成部分，即使是硅酮密封胶也分为玻璃胶、耐候胶和结构胶等不同类型，需要根据不同的情况来使用。虽然同属胶凝材料，但是每一种胶凝材料均有自己的性能特点和适用场合，因此，我们需要充分了解胶凝材料的性能、优缺点、使用要求和注意事项，把材料用在最适合的地方，才能物尽其用，也避免出现不必要的安全隐患。

★ **素养闪光点：**因材施胶，各尽其用。

| 质量检查 | | |
|---|---|---|
| **思考与练习** | | |
| 1. 是否了解和掌握各类胶凝材料的性能、规格和基本用法？<br>2. 是否了解胶凝材料的选购要点？ | | |
| **岗课赛证** | | |
| 扫描二维码进行本任务岗课赛证融通习题的答题，或进入网络平台获取更丰富的学习内容 | | <br>岗课赛证习题 |
| | | |
| 学生<br>自评 | 1. 是否掌握各类胶凝材料常见种类、性能和规格？☐是　☐否 | |
| | 2. 是否了解胶凝材料的选购要点？☐是　☐否 | |
| | 学生签名：　　　　　　评价日期： | |
| 教师<br>评价 | 教师评价意见： | |
| | 教师签名：　　　　　　评价日期： | |
| 学习<br>心得 | | |
| **能力拓展** | | |
| 通过互联网、现场实拍等方式，找到胶凝材料的更多资料，并以小组为单位制作汇报 PPT | | |

# 任务 3　陶瓷砖类材料

| 任务目标 | |
|---|---|
| 应知理论 | 了解陶瓷基础知识，掌握陶瓷砖类材料的种类、性能和规格 |
| 应会技能 | 具备掌握根据实际情况选用合适的陶瓷砖类材料的能力 |
| 应修素养 | 了解辉煌灿烂的中国传统陶瓷工艺，树立和增强文化自信 |
| **任务分析** | |
| 任务描述 | 了解陶瓷的概念，学习掌握陶瓷砖类材料的常见种类、基本性能、主要规格和具体应用，了解使用陶瓷砖类材料的注意要点 |

| 任务重点 | 抛釉砖、岩板的性能和应用 |
|---|---|
| 任务难点 | 砖、钉的种类和应用 |
| **任务计划** | |
| 任务点 | 3.1　陶瓷基础知识 |
| | 3.2　釉面砖类 |
| | 3.3　通体砖类 |
| | 3.4　复合砖类 |
| | 3.5　小尺寸类 |
| | 3.6　陶瓷砖选购要点 |
| **任务实施** | |
| 实施步骤 | 发布任务（明确任务目标）—任务分析—任务计划—任务实施—质量检查—评价反馈—能力拓展 |
| 实施要点 | 在学习任务中做好任务分析、观察思考、小组讨论、小组代表发言、知识拓展、课后练习、自我评价、教师评价等环节 |
| 实施建议 | 详见手册使用总览：要求与建议 |

课件：陶瓷砖
类材料

微课：陶瓷砖
类材料

陶瓷砖类材料
全部插图

墙地陶瓷砖类材料是室内装修的主要材料，属于主材。在半包工程中属于业主自购范畴，在全包工程中按套餐配置。陶瓷砖类材料硬度高、美观大气、易于清洁、价格较低、性价比高，应用广泛。学习陶瓷砖类产品要把握"泡不泡水"和"上不上釉"两个要点，"泡不泡水"取决于砖体本身的材质属性；"上不上釉"则会影响砖面效果。

# ■3.1　陶瓷基础知识

### 1．陶瓷的基本概念

陶瓷制品是以黏土为原料，经配料、制坯、干燥、烧制而成的器物，是陶和瓷的总称。陶和瓷虽同属一类材料，但在材质和性能上有各自的特点。此外，还有一种介于陶和瓷之间的材质称为"炻（shi）质"。陶、炻、瓷材质对比见表3-10。

表 3-10　陶、炻、瓷材质对比

| | 陶 | 炻 | 瓷 |
|---|---|---|---|
| 原料 | 黏土 | 较好黏土，或瓷土 | 优质瓷土（富含矿物质）如"高岭土" |
| 烧制温度 | 800 ～ 1 100 ℃ | 800 ～ 1 100 ℃ | 1 200 ℃以上，甚至可以达到 1 400 ℃ |
| | 注：<br>（1）陶器烧制温度较低，烧结未完全，所以陶器表面容易造成划痕，并且气孔多、质地粗糙、吸水率高；<br>（2）瓷器烧制温度较高，超过 1 200 ℃时，烧结较为彻底，因此瓷器质地坚硬；同时瓷土中大量的矿物质充分溶解、琉璃化并填补孔隙，所以质地细腻、孔隙率低、吸水率低；<br>（3）在古时，由于技术能力的限制，窑内温度要从 800 ℃提高到 1 200 ℃并保持稳定是有极大难度的，因此从"陶"到"瓷"的进步，是一个很大的技术飞跃 | | |
| 孔隙率 | 高 | 中等 | 低 |
| 吸水率 $E$ | 10% 左右 | 粗炻质：6% ～ 10%　细炻质：3% ～ 6%　炻瓷质：0.5% ～ 3% | ≤ 0.5%，几乎不吸水 |
| | 注：<br>（1）孔隙率高，则质量轻、吸水率高；反之则质量重、吸水率低；<br>（2）瓷砖的孔隙率和吸水率，会决定此种瓷砖是否需要在铺贴前泡水，需要的称为"泡水砖"，这是瓷砖的一个重要特性 | | |
| 质地特点 | 硬度较低 | 硬度中等 | 质地坚硬 |
| | 质量轻 | 质量中等 | 质量重 |
| | 质地粗糙 | 质地一般 | 质地细腻 |
| | 基本不上釉或局部上釉 | 上釉或局部上釉 | 上釉 |
| | 不透明 | 不透明 | 薄的部位可以有半透明的效果 |
| 质地颜色 | 黄、红 | 黄、红、灰白 | 灰白、白 |
| 器物举例 | 唐三彩，陶罐、煎中药罐（图3-37） | 水缸、紫砂壶、内墙釉面砖和仿古砖等炻质砖（图3-38） | 瓷瓶、瓷碗、瓷洁具、通体瓷砖（图3-39） |

新石器时代人面鱼纹彩陶盆（半坡遗址）　　唐三彩（唐代）　　中药煎罐（现代制）

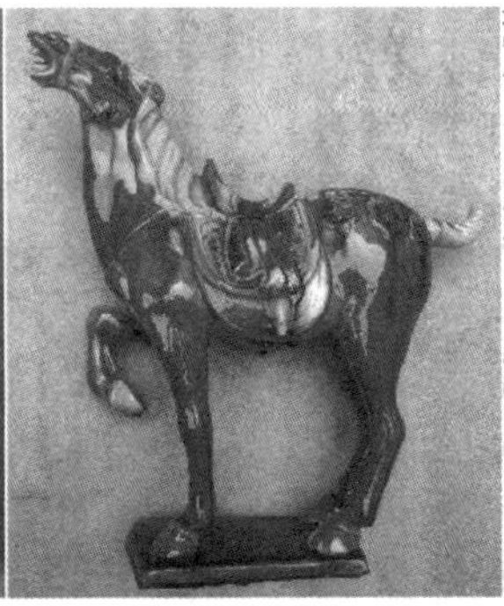

图 3-37　陶器举例

器物举例

紫砂壶（现代制）　　　　　　水缸（现代制）

图 3-38　炻器举例

定窑白瓷孩儿枕（宋代）　　青花大盘（元代）　　景德镇瓷瓶（现代）

图 3-39　瓷器举例

---

**知识链接 3-2**

### 辉煌灿烂的中国陶瓷工艺

中国陶瓷工艺辉煌灿烂、在历史上长期引领世界潮流，是中华文化的重要名片，如今更有了进一步发展。昨日的荣耀已成过去，留下的是继续前进的责任和动力，历史已经将笔交到我们手中，如何续写中国陶瓷这部鸿篇巨制，需要我们不断地求索。

知识链接：辉煌灿烂的中国陶瓷工艺

2. 陶瓷砖的基本分类

在理解了陶瓷的基本概念之后，尤其是"孔隙率""吸水率"等指标的具体含义和相关关系之后，再来理解陶瓷砖类材料就容易多了，主要关注"是否泡水""是否上釉""是否重压"三个指标，见表 3-11。

表 3-11　陶瓷分类的三个指标

| 指标 | 说明 |
|---|---|
| 是否泡水 | （1）较早的陶瓷砖类材料受限于成本因素、原料因素等，或者为了更好地施工（如内墙釉面砖，为了更方便铺贴上墙、不容易脱落，需要轻薄的砖体），砖体材质采用炻质，称为"炻质砖"，孔隙率较高，从而也导致吸水率较高、质量较轻，这样的瓷砖在铺贴前一定要泡水。<br>（2）现在由于瓷砖胶、瓷砖背胶、挂贴法等材料和工艺的更新，大质量的瓷砖也可以很牢固地铺贴上墙，因此现在通体砖、抛釉砖等材料一般采用全瓷质砖体，高度致密，孔隙率低，基本不吸水，铺贴前就不用泡水了。<br>注：为什么吸水率高的瓷砖，铺贴前要泡水呢？<br>这就要回到水泥的特性——"水硬性"。水泥在硬化的过程中需要水的养护。如果瓷砖吸水率高，但是又不泡水，铺贴后就会快速地把瓷砖背面用于粘贴的水泥浆中的水分吸走（图 3-40），导致水泥中水分不足，黏结度和强度都难以达标，最终造成瓷砖脱落；而如果将瓷砖提前泡水，瓷砖孔隙中饱含水分，这样在铺贴之后，不但不会吸走水泥中的水分，反而有较多的水分持续供给给水泥。<br>因此，吸水率高的瓷砖在铺贴前一定要充分泡水<br><br>图 3-40　吸水率高的瓷砖如果不提前泡水，会吸收水泥浆的水分 |
| 是否上釉 | （1）瓷砖上釉会更加光洁、美观。但是早期的釉料质量较弱，容易被磨损、容易开裂，因此瓷砖上釉后不用于地面，故称为"内墙釉面砖"，只适合用于室内墙面。<br>（2）地面上贴瓷砖的方法，一是虽然上釉，但是故意做成古旧的效果，即使磨损也问题不大，称为"仿古砖"；二是干脆不上釉，瓷砖材质通体一致，称为"通体砖"，但其外观不够美观，为改善该缺点，可以进行表面抛光，或再做玻化处理，称为"抛光砖"和"玻化砖"；三是升级釉料。随着技术进步，材料也日新月异，诞生了不惧磨损的釉料，不但不会被脚步磨损，而且可以直接用于抛光，这样的瓷砖就称为"抛釉砖 |
| 是否重压 | （1）以上所列举的瓷砖都是烧结型瓷砖。<br>（2）现在诞生了新的重压＋烧结型瓷砖材料，称为"岩板"，该材料迅速成为主流材料广泛使用 |

陶瓷砖类材料关系示意如图 3-41 所示。

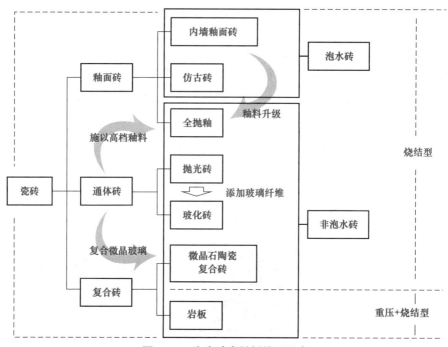

图 3-41　陶瓷砖类材料关系示意

## 3.2　釉面砖类

釉面砖和仿古砖都属于釉面砖类，前者一般用于室内墙面；后者在室内墙地面都适用（表 3-12）。

表 3-12　内墙釉面砖、仿古砖

| 内墙釉面砖 | | |
| --- | --- | --- |
| （1） | 概念 | 墙面瓷砖材料历史非常悠久，现代墙面瓷砖产品从 20 世纪中期开始在普通住宅室内运用，尺寸比较小；改革开放以来，我国居民住宅开始使用早期的内墙釉面砖产品，到 20 世纪 90 年代比较成熟，并沿用至今（图 3-42）<br><br>图 3-42　内墙釉面砖 |

| | | | |
|---|---|---|---|
| （2） | 特点 | 炻质 | 1）早年间受限于铺贴工艺，瓷砖要方便贴在墙上并且不易脱落，就需要砖体尽量轻薄，因此炻质是一个较好的选择：炻质既没有陶质那样的粗糙质地和过高的孔隙率，也比全瓷质轻，故称为"瓷片"。<br>2）孔隙率、吸水率和质量都介于陶和瓷之间。因此属于吸水砖，铺贴之前一定要充分泡水（图3-43）。<br><br>图3-43　内墙釉面砖在铺贴前要充分泡水<br><br>注：这里也可以看到这种砖很薄。<br>3）由于炻质也可以大体分为三个质地，因此要尽量选择细炻质（吸水率为3%～6%）或炻瓷质（吸水率为0.5%～3%），不要选择粗炻质（吸水率为6%～10%），因为吸水率太高会导致渗水至表面釉层，造成表面水渍（但是又擦不掉，称为"背渗"），非常影响美观；而且砖体质量太差、太脆。<br>注：现在由于瓷砖胶等性能更强的胶粘材料的出现，加上铺贴工艺的进步，质地坚硬沉重的大尺寸全抛釉瓷砖也可以上墙了。因此，辅材和施工工艺的升级革新是理解瓷砖产品迭代的第一个关键点 |
| | | 上釉 | 1）上釉是为了美观，产生光洁效果的同时可以做各种装饰，如抽象纹理、图案都可以，装饰性强；<br>2）由于釉层与砖体是两种材质，如果用于室外的话，在剧烈的热胀冷缩之下两种材质会互相拉扯，最终导致表面釉层龟裂（图3-44）；<br>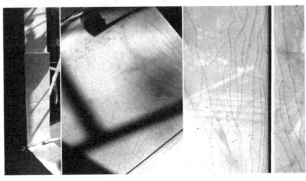<br>图3-44　内墙釉面砖用于阳台产生釉面龟裂<br><br>3）早期的釉料强度较弱，如果将其用于地面的话，很快就会被磨损，因此这类瓷砖只用于室内墙面，称为"内墙釉面砖"。<br>注：这里讲到的釉层不耐磨、不耐候等问题，指的都是早期的产品，现在的抛釉砖等材料不存在这个问题是因为釉料升级换代了，升级到耐磨甚至可以抛光了。因此，"釉"的升级革新是理解瓷砖产品迭代的第二个关键点 |

| （3） | 用途 | 1）需要防水的室内墙面，如厨房、卫生间等；<br>2）一些文化墙也会使用这一类的瓷砖，如校园内的大型地图、学生守则、文化故事等，也可以用瓷砖拼图的形式呈现 |
|---|---|---|
| （4） | 尺寸 | 1）150 mm×150 mm［随着北欧风格的流行又重新流行这类小尺寸砖（图 3-45），但是一般会做成 300 mm×300 mm，再在表面进行图案分格］、300 mm×300（mm）、300 mm×450（mm）（比较常见的瓷片尺寸）等。<br><br>图 3-45　一些北欧风格的内墙釉面砖<br>2）厚度为 6～9 mm，现在也会做到 12 mm 等更厚的尺寸，就基本不属于瓷片的范畴 |
| （5） | 构件 | 腰线、阴阳角条、阴阳三角等 |
| 仿古砖 | | |
| （1） | 概念 | 表面古旧效果的瓷砖。一般也是炻质釉面砖，比内墙釉面砖诞生稍晚，但也有很长的时间了，用途非常广泛（图 3-46）<br><br>图 3-46　各种样式的仿古砖 |
| （2） | 特点和用途 | 跟内墙釉面砖一样需要上釉，但是由于本身就是做古做旧的效果，因此可以用于地面，也可以用于墙面，或者墙地一体；<br>　　人为制造的斑驳感和古旧感非常有装饰性，而且颜色和纹理千变万化，可以搭配各种室内风格；<br>　　防滑效果极好，适用于厨卫地面，也特别适用于公共空间，如餐饮空间地面；用于居室客厅地面要慎重；一般不用于卧室 |
| （3） | 尺寸 | 300 mm×300 mm、300 mm×450 mm、600 mm×600 mm、800 mm×800 mm、600 mm×1 200 mm 等 |

## 3.3 通体砖类

通体砖是相对于釉面砖而言的。前文介绍了早期的瓷砖釉料强度低、不耐磨，因此用于地面的瓷砖干脆不上釉，材质通体一致，故称为通体砖，通体砖是不上釉型瓷砖的统称。表3-13中具体介绍两种瓷砖。

表 3-13 抛光砖、玻化砖

| | | 抛光砖 | |
|---|---|---|---|
| （1） | 概念 | 瓷砖上釉的目的是让瓷砖表面光亮美观，但是通体砖不上釉，只能通过"渗花技术"做很简单的纹理，再通过机械研磨、直接抛光的方法来增强表面的光亮度。这种对通体砖表面进行直接抛光的瓷砖就称为"抛光砖"（图3-47） | |
| | | 图 3-47 对通体砖进行表面抛光而成的抛光砖 | |
| （2） | 特点 | 不上釉 | 1）由于不上釉，是采用渗花技术，因此难以做出精致的纹理，甚至只是纯色效果；<br>2）材质通体一致，不惧表面磨损 |
| | | 表面抛光 | 1）抛光后，表面光洁度得到很大提升，石材类材料也需要使用这种技术来进行表面处理；<br>2）但也正是因为经过抛光处理，一些微小的内部气孔反而被打开，这些气孔很容易藏污纳垢（图3-48），导致抛光砖耐污性能较差，油污等较易渗入砖体，甚至茶水和有色汤水倒在抛光砖上都会造成不能擦除的污迹；而用水拖地后，气孔中的污垢会有异味传出，导致房间内气味难闻。针对这种问题，后来一些品牌瓷砖生产厂家在抛光砖生产时会加上一层防污层以增强其抗污性能，但是效果有限；<br><br>图 3-48 表面抛光反而打开了部分气孔，导致藏污纳垢<br>3）抛光砖表面光洁，但是防滑性差，尤其是地面有水时非常容易滑倒，因此不适合用于厨、卫和阳台地面 |
| | | 炻瓷质 | 1）抛光砖用于地面踩踏，也不需要像内墙砖一样考虑脱落问题，不需要故意做得轻薄。因此其材质一般为炻瓷质或瓷质，质地相对内墙砖来说硬度高、质量重、孔隙率低、吸水率低，但是又比玻化砖和全抛釉瓷砖要略差一些（因为抛光砖是属于年代较早的品种）。<br>2）铺贴前可以用水湿润 |

| | | |
|---|---|---|
| （3） | 用途 | 1）不积水的地面，如客厅、卧室等；<br>2）对于现在来说是属于被淘汰的产品 |
| （4） | 尺寸 | 1）600 mm×600 mm、800 mm×800 mm 等。<br>2）厚度为 6～10 mm |

| 玻化砖 | | |
|---|---|---|
| （1） | 概念 | 是对抛光砖进行技术升级后的一种产品，在烧制过程中添加玻璃纤维，纤维高温熔化后自然填补气孔，基本解决了抛光砖耐污性差的问题，并且更加光亮美观，因此也称为"玻化抛光砖"（图 3-49）<br><br><br>图 3-49　玻化砖铺贴效果 |
| （2） | 特点 | **玻璃纤维**<br>1）玻璃纤维融化后填补气孔，砖面细密，油污不易渗入，极大改善了耐污性的问题。<br>2）玻化效果进一步提升了瓷砖光亮度，装饰性加强；但是由于不上釉，还是难以做出精美细致的纹理，因此，当釉料革新以后，就在抛光砖的基础上施以精美纹理并上釉抛光，诞生了下一代产品"抛釉砖"。<br>3）防滑性问题与抛光砖一样，遇水易滑倒<br><br>**瓷质**<br>1）砖体质地较抛光砖也有提升，基本采用全瓷质玻化效果，高度致密，硬度高，质量重，吸水率 $E < 0.5$，基本不吸水。<br>2）铺贴前不用泡水 |
| （3） | 用途 | 1）不积水的地面，如客厅、卧室等；<br>2）对于现在来说，单纯的玻化砖已经被抛釉砖所替代 |
| （4） | 尺寸 | 600 mm×600 mm、800 mm×800 mm、600 mm×1 200 mm 等 |

## 3.4　复合砖类

抛釉砖、微晶石陶瓷复合砖、岩板有各自的特点，并且都是目前主流的瓷砖产品，尤其是岩板，作为后起之秀代表了当代瓷砖材料的技术水平和未来趋势（表 3-14）。

表 3-14　抛釉砖、微晶石陶瓷复合砖、岩板

| | 抛釉砖 | |
| --- | --- | --- |
| （1）概念 | 前文介绍了玻化砖在质地上已经比较好了，但是由于不上釉，无法做精致的纹理，在装饰性方面还是不理想；<br>　　瓷砖之所以不上釉，是因为之前的釉料强度低、不耐磨，用于地面容易磨损，而当釉料材料升级到能够高度耐磨时，这个问题也就迎刃而解了。<br>　　因此，在通体砖的基础上，通过喷墨打印的方法在瓷砖表面打印精致纹理（图3-50），然后施以高档耐磨釉料保护纹理，这种釉料不但耐磨，甚至可以再进一步抛光，由此诞生的新瓷砖产品就称为"抛釉砖"<br><br>图 3-50　抛釉砖可以制作精美的纹理 | |
| （2）特点 | 上釉 | 1）坯底 + 底釉 + 面釉 / 保护釉构成。<br>　　2）采用的新型釉料是一种可以在釉面进行抛光工序的特殊配方釉，一般为透明面釉或透明凸状花釉，在保持釉下的丰富图案或绚丽厚重色彩的同时，又兼具玻化砖般光滑亮洁的特性；且釉料本身强度和耐久度更高，可以很好地用于墙面和地面。<br>　　3）有了高强度釉料的保护，就可以在砖体表面通过喷墨打印的方法打印精细的纹理，如精美的大理石纹理，所以有的抛釉砖产品就直接称为"大理石瓷砖"；抛釉砖高档大气、精致美观、装饰性很强。<br>　　4）缺点是每块砖的纹理都是一样的，近距离观察可以看出人工打印花纹的痕迹 |
| | 全瓷质 | 1）抛釉砖一般为高档全瓷质砖体，高度致密，吸水率 $E < 0.5$，基本不吸水，强度高、质量重（因此需要采用特殊的上墙工艺）；<br>　　2）铺贴前不用泡水 |
| （3）用途 | 1）墙、地面都可以使用，尤其是现在有逐渐大板化的趋势，也可以拼花制作整块背景墙（图3-51），用途广泛，装饰性强；<br><br>图 3-51　大板抛釉砖背景墙<br>注：图片中的尺寸仅供参考，此外还有如下尺寸。<br>2）是目前主流的瓷砖产品 | |

| （4）尺寸 | 800 mm×800 mm、600 mm×1 200 mm、750 mm×1 500 mm、800 mm×1 600 mm、800 mm×2 400 mm、1 200 mm×2 400 mm 等。<br>厚度为 10～12 mm | |
|---|---|---|
| 微晶石陶瓷复合砖 | | |
| （1）概念 | 与抛釉砖是同档次产品，是将釉层换成一层 3～5 mm 厚的人造微晶石，经二次烧结而成的复合型瓷砖材料。<br>微晶石下也是喷墨打印的精美纹理 | |
| （2）特点 | 复合瓷砖 | 1）耐污能力强；坚硬耐磨，耐酸碱、抗腐蚀和耐气候性更为突出；<br>2）具备微晶玻璃所特有的均匀漫反射高柔润感的华丽玉面效果，光泽度达 90～120，远高于天然石材；<br>3）无放射性危害 |
| | 全瓷质 | 与抛釉砖砖体材质相同 |
| （3）用途 | 1）墙、地面都可以使用，也可以拼花制作整块背景墙，用途广泛，装饰性强（图 3-52）；<br><br>图 3-52　微晶石陶瓷复合砖背景墙<br>2）是目前主流的瓷砖产品 | |
| （4）尺寸 | 800 mm×800 mm、600 mm×1 200 mm、750 mm×1 500 mm、800 mm×1 600 mm、800 mm×2 400/2 600 mm、1 200 mm×2 400/2 600 mm 等。<br>厚度为 10～12 mm | |

| 岩板 | |
|---|---|
| （1）概念 | 岩板主要是由天然原料（石英石、长石、二氧化硅等矿物质）和无机黏土经过特殊工艺，借助 36 000 t 以上压机压制，配合 NDD 技术，经过 1 200 ℃ 以上高温烧制而成，能够经得起各种高强度加工过程的超大规格新型石材类材料（图 3-53）<br>图 3-53　岩板 |
| （2）特点 | 1）比较轻薄，厚度有 3 mm、6 mm、12 mm 等规格，质量是瓷砖的 1/3 ～ 1/2，运输难度小，安装方便。<br>2）安全卫生：能与食物直接接触，纯天然的选材，100% 可回收，无毒害无辐射的同时，又全面考虑人类可持续发展的需求，健康环保。<br>3）防火耐高温：直接接触高温物体不会变形，$A_1$ 级防火性能的岩板，遇到 2 000 ℃ 的明火不产生任何物理变化（收缩、破裂、变色），也不会散发任何气体或气味。<br>4）抗污性：1/10 000 的渗水率是人造建材界的一个新指标，污渍无法渗透的同时也不给细菌滋生空间。<br>5）耐刮磨：莫氏硬度超过 6 度，能够抵御刮蹭和尝试刮擦。<br>6）耐腐蚀：耐各种化学物质，包括溶液、消毒剂等。<br>7）易清洁：只需要用湿毛巾擦拭即可清理干净，无特殊维护需求，清洁简单快速。<br>8）全能应用：打破应用边界，由装饰材料向应用材料跨界进军，设计、加工和应用更加多元和广泛，满足高标准的应用需求。<br>9）灵活定制：岩板的纹理丰富多样，可根据用户需要私人定制 |
| （3）用途 | 1）墙、地面都可以使用，可以拼花制作整块背景墙，也可以用于制作整块台面（如桌子台面或厨房台面，甚至是门板），用途广泛，性能优越，装饰性强（图 3-54）；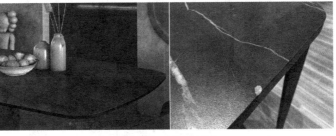<br>图 3-54　岩板桌面<br>2）是目前主流的瓷砖产品 |
| （4）尺寸 | 1）板面尺寸可以灵活定制。<br>2）岩板厚度一般有四种：3 mm 厚和 6 mm 厚的岩板适用于墙面饰面、门板、复合板台面；12 mm 厚的适用于窗台板、各种台面、门槛石等；20 mm 厚的除墙面外都适用，包括地面 |

## ■ 3.5　小尺寸类

现在的瓷砖有大板化的趋势，越做越大；但是一些小尺寸的瓷砖也在使用，如陶瓷马赛克、外墙砖等（表3-15）。

表3-15　陶瓷马赛克、外墙砖

| 陶瓷马赛克 | |
|---|---|
| （1）概念 | 以优质土为原料，添加各种染色剂，高温烧制而成，现在工艺越来越多样化。材料可以是陶瓷、玻璃、金属和石材，或多种材质复合而成 |
| （2）特点 | 小巧玲珑、色彩斑斓、千变万化，具有极强的装饰性，可以组合、搭配各种风格（图3-55）<br><br>图3-55　陶瓷马赛克 |
| （3）用途 | 可用于装饰楼地面、墙柱面均等 |
| （4）尺寸 | 特殊的小尺寸，一般为方形，也有长方形。一般按设计好的图案，也是预先贴在300×300的牛皮纸或网格上，称为"一联" |
| 外墙砖 | |
| （1）概念 | 与室内通体砖或全抛釉瓷砖相比，主要区别在于小尺寸，可为方形或长方形，厚度薄，这样更不容易脱落及造成危险 |
| （2）特点 | 胚体更多为炻瓷质（吸水率为3%左右）或瓷质（吸水率为0.5%～1%），更为致密，强度更高，基本属于通体砖的范围，但是也可以选择上釉 |
| （3）用途 | 阳台墙面、建筑外墙等室外墙面 |
| （4）尺寸 | 一般用牛皮纸预先粘好多块砖组成300×300尺寸，称为"一联"，所以也称为"纸皮砖"（图3-56）<br><br>图3-56　外墙瓷砖 |

# 3.6 陶瓷砖选购要点

扫描二维码学习看平整度、看砖色差、看砖釉面、看耐磨性、看抗污性、听声音、掂重量、选尺寸等瓷砖选购要点，以及其他注意事项。

拓展学习：陶瓷砖选购要点

## 成长小贴士 3-3

### 中国继续引领陶瓷砖类材料新潮流

黏土类材料用于墙地面装饰的历史非常悠久，在四大古文明中都有相关的形态和方式。中国一直是陶瓷工艺的中心，早在商殷时期就生产出一种精美的白炻器并用于建筑装饰；从世界范围来看，较早开始在建筑中大量的运用陶瓷砖材料（主要是陶质或炻质）可以追溯到古波斯文明；到 20 世纪中期，瓷砖运用于普通人家室内墙地面装饰已经非常普遍，但是由于生产工艺的限制，瓷砖尺寸都比较小，在我国上海或香港等城市很多从 20 世纪四五十年代保留下来的旧民居中可以看到很多这样的小瓷砖装饰。

改革开放以来，我国城市化进程举世瞩目，陶瓷砖类材料的发展也是日新月异、引领潮流，从较早的瓷片到现在超大尺寸的抛釉砖，从普通烧结型瓷砖到 36 000 t 以上压机压制的岩板，生产技术的不断进步和生产工艺的持续研发更新带来的是又一次走向世界的中国陶瓷产品和陶瓷文化。

★ 素养闪光点：文化传家、科技强国。

| 质量检查 |
|---|
| **思考与练习** |
| 1. 是否了解和掌握陶瓷的基本概念和相关特性？<br>2. 是否熟悉和掌握内墙釉面砖、仿古砖等釉面砖材料的性能、规格和基本用法？<br>3. 是否熟悉和掌握抛光砖、玻化砖等通体砖材料的性能、规格和基本用法？<br>4. 是否熟悉和掌握抛釉砖、微晶石陶瓷复合砖、岩板等复合砖材料的性能、规格和基本用法？<br>5. 是否熟悉和掌握陶瓷马赛克、外墙砖等小尺寸砖材料的性能、规格和基本用法？<br>6. 是否了解陶瓷砖类材料的选购要点？ |
| **岗课赛证** |
| 扫描二维码进行本任务岗课赛证融通习题的答题，或进入网络平台获取更丰富的学习内容 <br>岗课赛证习题 |

| 评价反馈 | | |
|---|---|---|
| 学生<br>自评 | 1. 是否了解陶瓷的基本概念？□是　□否 | |
| | 2. 是否熟悉各类陶瓷砖类材料的含义、用途和要点？□是　□否 | |
| | 3. 是否了解陶瓷砖类材料的选购要点？□是　□否 | |
| | 学生签名： | 评价日期： |
| 教师<br>评价 | 教师评价意见： | |
| | 教师签名： | 评价日期： |
| 学习<br>心得 | | |
| 能力拓展 | | |
| 通过互联网、现场实拍等方式，找到各类陶瓷砖类材料的更多资料，并以小组为单位制作汇报 PPT | | |

# 任务4　天然石材

| 任务目标 | |
|---|---|
| 应知理论 | 了解天然石材基础知识，掌握大理石和花岗石材料的种类、性能和规格，了解文化石、景观石的基础知识 |
| 应会技能 | 具备掌握根据实际情况选用合适的天然石材的能力 |
| 应修素养 | 具有对待专业深入把握、理解透彻的素养，不能一知半解；要成为专家型人才 |
| 任务分析 | |
| 任务描述 | 了解天然石材的基本概念，学习掌握大理石和花岗石的常见种类、基本性能、主要规格和具体应用，了解文化石、景观石的基本知识，了解使用天然石材的注意要点 |
| 任务重点 | 大理石、花岗石的性能、种类、具体应用 |
| 任务难点 | 大理石、花岗石的规格 |
| 任务计划 | |
| 任务点 | 4.1　天然石材概述 |
| | 4.2　大理石、花岗石 |
| | 4.3　文化石 |
| | 4.4　景观石 |
| | 4.5　天然石材选购要点 |

| 任务实施 | |
|---|---|
| 实施步骤 | 发布任务（明确任务目标）—任务分析—任务计划—任务实施—质量检查—评价反馈—能力拓展 |
| 实施要点 | 在学习任务中做好任务分析、观察思考、小组讨论、小组代表发言、知识拓展、课后练习、自我评价、教师评价等环节 |
| 实施建议 | 详见手册使用总览：要求与建议 |

课件：天然
石材

微课：天然
石材

天然石材全部
插图

## 4.1 天然石材概述

拓展学习：天
然石材

天然石材的基本概念、分类、特性、应用、损害类型等见表3-16，扫描二维码学习完整版。

表3-16 天然石材（简）

| 序号 | 名称 | 说明 |
|---|---|---|
| 1 | 基本概念 | 天然石材是指从天然岩体中开采出来的（图3-57），并经加工成块状或板状材料的总称。<br><br>图3-57 天然石材开采<br><br>建筑装饰用的天然石材主要有花岗石和大理石两大类 |
| 2 | 分类 | 火成岩、沉积岩、变质岩 |
| 3 | 特性 | 耐火性、膨胀收缩、耐久性、抗压强度 |
| 4 | 应用 | 用于室外建筑物装饰时，需经受长期风吹日晒雨淋，最好选用各种类型的花岗岩石材；但是室内地面磨损相对较小，应该使用装饰性强的大理石 |
| 5 | 损害类型 | 变色、有机质污染、锈斑、污斑、水斑、白华 |

## 4.2 大理石、花岗石

大理石和花岗石是最常见的两种用于建筑装饰的天然石材（表3-17）。

表3-17 大理石、花岗石

| | 大理石 | 花岗石 |
|---|---|---|
| （1）类型 | 火成岩 | 变质岩 |
| （2）主要成分 | 主要成分为碳酸钙，主要由方解石和白云石组成，也称为云石 | 主要由长石、石英、云母组成 |
| （3）纹理 | 裂隙状（裂絮状）花纹，纹理如行云流水千变万化，装饰性强（图3-58）<br><br>图3-58 大理石纹理 | 颗粒状花纹，相对单调一点，装饰性比大理石弱（图3-59）<br><br>图3-59 花岗石纹理 |
| （4）密度 | 2.60～2.80 g/cm³ | 2.63～3.30 g/cm³ |
| （5）硬度 | 中硬石材，较脆 | 硬质石材，强度大于大理石 |
| （6）稳定性 | 碳酸钙容易在环境中发生化学反应，容易风化和腐蚀。其中，白色系最稳定，如汉白玉；绿色次之；红色系最不稳定 | 稳定性较好，耐磨、耐压、耐腐蚀，日常使用不容易出现划痕，也不易风化 |
| （7）用途 | 大理石是高档石材，用于台面、窗台、门槛石、墙面局部装饰，不用于厨房台面（容易被酸碱腐蚀），不用于地面过车，较少用于室外（图3-60）。<br>大理石拼花作为室内地面的点缀性装饰广泛地应用于大堂、别墅门厅、过道等处，使室内显得更为大气、豪华（图3-61） | 由于花岗石不易风化、腐蚀且硬度高、耐磨性能好，因而可以广泛地应用于室外及室内装饰中，在高级建筑装饰工程的墙基础、外墙饰面、室内墙面地面、柱面都有广泛应用；室内装修中则多用于门槛石、窗台、橱柜台面等处（图3-62） |

| | 大理石 | 花岗石 |
|---|---|---|
| （7）用途 | <br>图 3-60 大理石应用效果举例<br><br><br>图 3-61 大理石水刀拼花和花岗岩浮雕拼花<br><br><br>图 3-62 花岗石应用效果举例<br><br>　　除用于建筑装饰外，大理石和花岗石还大量用于制造精美的用具，如家具、灯具、烟具及艺术雕刻等；有些还可以用作耐碱材料；在开采、加工过程中产生的碎石、边角余料也常用于人造石、水磨石、石米、石粉的生产，可用于涂料、塑料、橡胶等行业的填料 | | |

| | 大理石 | 花岗石 |
|---|---|---|
| （8）表面处理 | 亮面、哑面等 | 亮面、哑面、火烧面、斧剁面、机刨面等（图3-63）<br><br>图3-63 花岗石表面加工工艺 |
| （9）放射性 | 1）天然石材都有一定的放射性，小面积石材的放射性微乎其微，对人体没有影响，但是使用面积较大时有一定的危害，因此在卧室和小孩子多的地方，尽量不要大面积的使用天然石材，避免过度装修。<br>2）一般来说，花岗石的放射性要大于大理石。<br>3）从石材颜色分类的放射性来看，从高到低一般依次为：红色＞绿色＞肉红色＞灰白色＞白色＞黑色 | |
| （10）规格 | 厚度一般为20±2（mm），如果用于室外过车，则一般为30±2（mm）。边长如果一边能控制在600 mm内，则价格较低 | |
| （11）品种概述 | 可以产地和颜色命名，如丹东绿、印度红等；或以花纹和颜色命名，如雪花白、艾叶青、灰麻等；有的以花纹形象命名，如秋景、海浪；有的是传统名称，如汉白玉、晶墨玉等。因此，因产地不同常有同类异名或异岩同名现象出现。<br>按产地可分为国产和进口两大类 | |
| （12）常见品种名称 | 爵士白、雅士白、大花白、中花白、珍珠白、西班牙米黄、金黄米黄、银线米黄、松香黄、毕加索金、啡网纹、巴菲特、木纹石、万寿红、橙皮红、珊瑚红、紫罗红、亚马逊绿、大花绿、宝石蓝、景泰蓝、黑白根、黑金花等（图3-64）。其中，白色系最稳定，如汉白玉；绿色次之；红色系最不稳定 | 珍珠白、芝麻白、大花白、钛金白麻、同安白、沧海白、浪花白、虎皮白、虎皮黄、大小金麻、威尼斯金麻、黄锈石、咖啡麻、樱花红、安溪红、光泽红、桂林红、岑溪橘红、岑溪红、印度红、南非红、中国红、幻影红、贵妃红、福寿红、紫晶、红紫晶、芝麻灰、芝麻黑、黑白花、蒙古黑、巴拿马黑、黑金砂等（图3-65） |

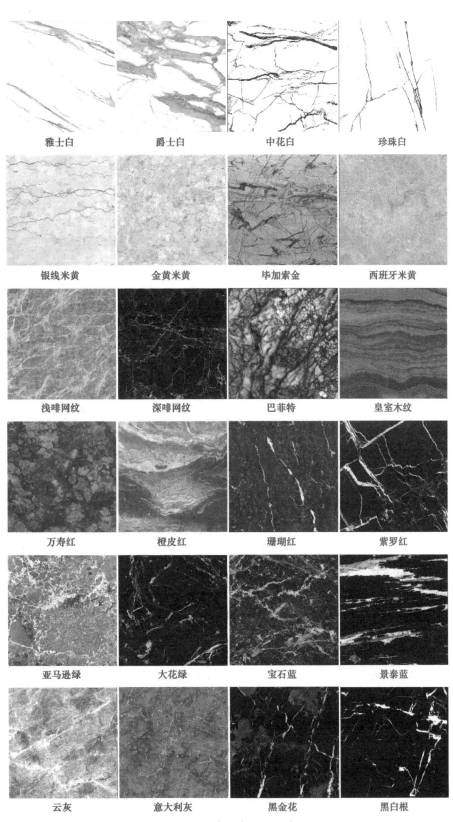

| 雅士白 | 爵士白 | 中花白 | 珍珠白 |
|---|---|---|---|
| 银线米黄 | 金黄米黄 | 毕加索金 | 西班牙米黄 |
| 浅啡网纹 | 深啡网纹 | 巴菲特 | 皇室木纹 |
| 万寿红 | 橙皮红 | 珊瑚红 | 紫罗红 |
| 亚马逊绿 | 大花绿 | 宝石蓝 | 景泰蓝 |
| 云灰 | 意大利灰 | 黑金花 | 黑白根 |

图 3-64 常见大理石品种

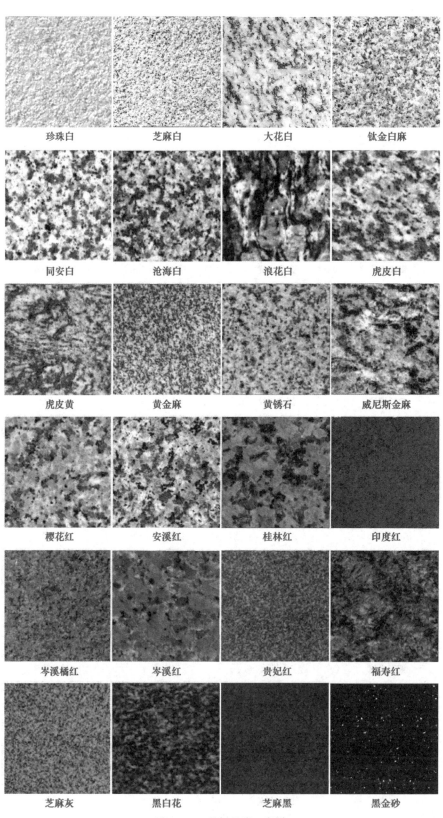

珍珠白　　　　　芝麻白　　　　　大花白　　　　　钛金白麻

同安白　　　　　沧海白　　　　　浪花白　　　　　虎皮白

虎皮黄　　　　　黄金麻　　　　　黄锈石　　　　　威尼斯金麻

樱花红　　　　　安溪红　　　　　桂林红　　　　　印度红

岑溪橘红　　　　岑溪红　　　　　贵妃红　　　　　福寿红

芝麻灰　　　　　黑白花　　　　　芝麻黑　　　　　黑金砂

图 3-65　常见花岗石品种

## 4.3 文化石

文化石及其类型见表3-18。

表3-18　文化石

| 序号 | 项目 | | | 说明 |
|---|---|---|---|---|
| 1 | 概念 | | | 其特有的表面肌理和外形，质朴的手工感觉，和其他表面光滑的材质形成强烈的对比，起到点缀装饰作用，是其他材料不可替代的。文化石包括天然文化石和人造文化石两种（图3-66）<br><br>图3-66　文化石应用效果 |
| 2 | 类型 | （1）天然文化石 | 1）卵石 | ①是母岩风化后的碎石，在河道、海滩和小溪中经过漫长的岁月冲磨而成。其形体多为椭圆形或近似椭圆形（图3-67）。<br><br>图3-67　卵石<br>②卵石的效果自然、朴实，多用于室内装饰空间的局部地面、墙面造型，与其他光滑材料形成肌理质感对比美的艺术效果 |
| | | | 2）砂岩 | 是由石灰岩地质变化而成，表面砂质粗犷、色彩淡雅、纹理起伏，有防水、防滑等功能。砂岩广泛应用于室内墙面装饰构件、家具、雕刻和水体面的饰面（图3-68）<br><br>图3-68　砂岩 |

| 序号 | 项目 | | 说明 |
|---|---|---|---|
| 2 | 类型 | （1）天然文化石 | 3）板岩 · 板岩、页岩属于大理石类石材，其凹凸肌理很特别，富有自然美感，在设计施工中，往往要根据肌理对比的需要而选用在墙、地面（图3-69）<br><br>图 3-69　板岩 |
| | | （2）人造文化石 | 人造文化石表面肌理模仿天然文化石，有仿蘑菇石、仿剁斧石、仿条石、仿砂岩/板岩、仿鹅卵石等多个品种。人造文化石具有质轻、坚韧、防水、施工简便等特点。除以上文化石外，普通红砖、耐火砖、石英石、云母等都可以作为文化石使用 |

## 4.4 景观石

我国的景观石品种很多、历史悠久，造型自然独特。太湖石、泰山石、英石、锦川石、黄石、黄蜡石、千层石、青龙石等如图 3-70 所示，详细内容扫描二维码进行学习。

拓展学习：景观石

图 3-70　各类景观石举例

## 4.5 天然石材选购要点

扫描二维码学习大理石、花岗石、文化石、景观石等产品的选购要点。

拓展学习：天然石材选购要点

### 成长小贴士 3-4

**透彻理解、精准把握**

（1）装饰工程中的很多材料看起来都是仿石材的样子，如大理石瓷砖、塑料的仿石材构建、竹木纤维板的仿石材墙板等，要认真学习其各自的特性，充分把握鉴别的要点。

（2）都是天然石材，但是大理石和花岗石在纹理特征、材质硬度、耐腐蚀性等方面各有特点，需要认真把握。

★ **素养闪光点**：对待专业，要深入把握，理解透彻，不能一知半解；要成为专家型人才。

| 质量检查 | |
|---|---|
| **思考与练习** | |
| 1. 是否了解和掌握天然石材的基本概念和相关类别？<br>2. 是否熟悉和掌握大理石和花岗石的性能、规格和基本用法？<br>3. 是否了解文化石和景观石的基本概念与种类？<br>4. 是否了解天然石材的选购要点？ | |
| **岗课赛证** | |
| 扫描二维码进行本任务岗课赛证融通习题的答题，或进入网络平台获取更丰富的学习内容 | <br>岗课赛证习题 |

| 评价反馈 | | |
|---|---|---|
| 学生自评 | 1. 是否了解天然石材的基本概念和类型？ □是　□否 | |
| | 2. 是否理念和掌握大理石和花岗石的含义、用途和要点？ □是　□否 | |
| | 3. 是否了解天然石材类材料的选购要点？ □是　□否 | |
| | 学生签名： | 评价日期： |
| 教师评价 | 教师评价意见： | |
| | 教师签名： | 评价日期： |

| 学习<br>心得 | |
|---|---|

| 能力拓展 | |
|---|---|
| 通过互联网、现场实拍等方式，找到各类天然石材类材料的更多资料，并以小组为单位制作汇报 PPT | |

# 任务 5　人造石材

| 任务目标 | |
|---|---|
| 应知理论 | 了解人造石材基础知识，掌握水磨石、石英石台面等材料的种类、性能和规格 |
| 应会技能 | 具备掌握根据实际情况选用合适的人造石材类材料的能力 |
| 应修素养 | 具有根据需要选择合适材料和工艺的能力，明白"材料没有最好，只有最合适"的道理 |
| 任务分析 | |
| 任务描述 | 了解人造石材的基本概念，学习掌握人造石材的基本知识掌握水磨石、石英石的常见种类、基本性能、主要规格和具体应用，了解使用人造石材的注意要点 |
| 任务重点 | 水磨石、石英石的性能、种类、具体应用 |
| 任务难点 | 水磨石的工艺做法 |
| 任务计划 | |
| 任务点 | 5.1　人造石材概述 |
| | 5.2　人造石材主要类型及应用 |
| | 5.3　人造石材选购要点 |
| 任务实施 | |
| 实施步骤 | 发布任务（明确任务目标）—任务分析—任务计划—任务实施—质量检查—评价反馈—能力拓展 |

| 实施要点 | 在学习任务中做好任务分析、观察思考、小组讨论、小组代表发言、知识拓展、课后练习、自我评价、教师评价等环节 |
|---|---|
| 实施建议 | 详见手册使用总览：要求与建议 |

| | | |
|---|---|---|
| 课件：人造石材 | 微课：人造石材 | 人造石材全部插图 |

## 5.1　人造石材概述

人造石材概述、分类及特点见表 3-19。

表 3-19　人造石材

| 序号 | 名称 | | 说明 |
|---|---|---|---|
| 1 | 基本概念 | | 人造石材，顾名思义，就是人工合成的石材。<br>按其生产工艺的不同，又可以分为四种类型 |
| 2 | 分类 | 聚酯型人造石 | 是将各种天然大理石碎料、石英石、方解石、石粉和其他无机填料，按一定比例混合，加入不饱和聚酯树脂和调色用的催化剂，经混合搅拌、成型烘干、表面抛光制作完成，典型材料为人造石英石台面 |
| | | 水泥型人造石 | 以水泥为胶凝材料，砂、天然碎石粒为粗细骨料，按比例经配制、搅拌、成型、磨光和抛光后制成的，典型材料为水磨石 |
| | | 烧结型人造石 | 即瓷砖型人造石 |
| | | 复合型人造石 | 采用综合型工艺生产的人造石 |
| 3 | 特点 | | 人造石材往往在防油污、防潮、防酸碱、耐高温方面都强于天然石材，强度高、韧性好、可塑性强，基本没有辐射，并且价格较低，也符合环保、节约材料的理念，但是不具备天然的纹理。人造石材类型丰富，应用广泛 |

## 5.2　人造石材主要类型及应用

水磨石曾经是一种非常流行、常见的铺地材料，价格低、装饰性强，后来被瓷砖所取代，现在又有重新流行的趋势；人造石英石台面则是厨房台面的主流产品（表 3-20）。

表 3-20　水磨石、人造石英石台面

| 水磨石 | | |
|---|---|---|
| 序号 | 名称 | 说明 |
| （1） | 概念 | 1）水磨石（也称磨石）是将碎石、玻璃、石英石等骨料拌入水泥粘结料制成混凝土制品后经表面研磨、抛光的制品。以水泥黏结料制成的水磨石称为无机磨石，用环氧黏结料制成的水磨石又称环氧磨石或有机磨石，水磨石按施工制作工艺又可分为现场浇筑水磨石（图3-71）和预制板材水磨石地面。 <br><br><br><br>**图 3-71　制作水磨石的现场实景**<br><br>2）传统的水磨石以其造价低、可任意调色拼花、施工方便等独特的优势，在我国有着巨大的市场，已在全国城乡各类建筑物中使用的水磨石地面有 10 亿平方米之多（图3-72） <br><br><br><br>**图 3-72　水磨石铺地效果** |

| | | |
|---|---|---|
| （2） | 特点 | 1）现制水磨石先预置分隔条，可任意调色拼花，可任意设计图案，达到美观装饰效果。<br>2）水磨石作为一种水泥型人造石材，不可燃、耐老化、耐污损、耐腐蚀、无异味、无任何污染，完工后经久耐用，可与建筑同寿。<br>3）传统的水磨石施工技术扬尘较大，使用后也容易显脏。<br>4）施工工艺虽然并不复杂，但是相对于贴地面瓷砖来说又较为琐碎，装饰效果和时尚性也不如光亮精美的瓷砖，因此最终被瓷砖取代 |
| （3） | 养护 | 日常保养便捷的办法就是将石材表面的污垢清洗后，打上一层蜡；彻底的办法是将水磨石表面风化、磨蚀的老化层刨去露出新鲜层 |
| （4） | 新趋势 | 传统水磨石曾经非常流行，后来被瓷砖所取代。近年来随着北欧风格等室内装饰风潮的流行，又有重新流行的趋势。现在的新型水磨石不再是现场制作（因为人工费较高），而是像瓷砖一样用成品预制板进行铺贴，风格往往清新淡雅（图3-73）<br><br><br>图 3-73　重新流行的清新风格水磨石（一般为预制板） |

人造石英石台面

| 序号 | 名称 | 说明 |
|---|---|---|
| （1） | 概念 | 石英石台面是指将高品质的天然石英砂粉碎、提纯（剔除杂质，并避免了产品有放射性），再经过原材料混合，在真空条件下将石英石晶体、碎玻璃、树脂和颜料等材料通过异构聚合技术制成大规格板材，然后表面进行30多道工序抛光打磨，制成橱柜台面（图3-74）<br><br><br>图 3-74　人造石英石台面中含有天然石英石 |
| （2） | 特点 | 尺寸造型可定制；色彩可随意选择；耐久性；耐高温；耐污性强、不易渗透；抗菌，材质细密；无辐射；不易褪色变色；易保养；性价比高 |

| （3） | 用途 | 厨房台面、水池/洗衣池定制（图3-75）<br /><br />图 3-75　人造石英石厨房台面及水池定制 |
|---|---|---|
| （4） | 养护 | 1）尽量不要将高温或热锅直接或长久搁放在台面上：直接从灶台或烤箱、微波炉中取下来的热锅、热壶或其他温度过高的用具器皿等会带来一些使用痕迹。<br />2）尽量使台面保持干燥：保持台面的清洁，尽可能不要将台面长时间浸泡或积水，保持台面的整洁、干燥。<br />3）尽量避免腐蚀性化学品接触台面：日常中避免将相关腐蚀性化学品触及台面，若不慎接触立即用大量肥皂水冲洗表面 |

## 5.3　人造石材选购要点

扫描二维码学习抗污测试、磨损测试等人造石材产品的选购要点。

**拓展学习：人造石材选购要点**

### 成长小贴士 3-5

#### 综合分析、善于用材

我们普遍都会认为天然材料好于人造材料，如真皮好于人造革。不可否认，天然石材源于自然形成，有着不可替代的视觉效果和性能特点；但实际使用中，人造石材如人造石英石台面也有着硬度高、强度大、韧性好、耐高温、不易变色、性价比高等特点，用于厨房台面其实是好于天然石材的。因此，学习装饰材料要明白一个道理：决不能简单地以一个标准去评价材料的好和坏，而是要综合分析材料特点和适用的场合，在需要的地方选择最合适的材料。

★素养闪光点：材料没有最好，只有最合适。

| 质量检查 |
|---|
| **思考与练习** |
| 1. 是否了解和掌握人造石材的基本概念和相关类别？<br>2. 是否熟悉和掌握水磨石与人造石英石台面的性能、规格和基本用法？<br>3. 是否了解人造石材的选购要点？ |

| 岗课赛证 | |
|---|---|
| 扫描二维码进行本任务岗课赛证融通习题的答题，或进入网络平台获取更丰富的学习内容 | 岗课赛证习题 |

| 评价反馈 | | |
|---|---|---|
| 学生<br>自评 | 1. 是否了解人造石材的基本概念和类型？ □是　□否 | |
| | 2. 是否理念和掌握水磨石和人造石英石台面的含义、用途和要点？ □是　□否 | |
| | 3. 是否了解人造石材类材料的选购要点？ □是　□否 | |
| | 学生签名：　　　　　　评价日期： | |
| 教师<br>评价 | 教师评价意见： | |
| | 教师签名：　　　　　　评价日期： | |
| 学习<br>心得 | | |

| 能力拓展 |
|---|
| 通过互联网、现场实拍等方式，找到各类人造石材类材料的更多资料，并以小组为单位制作汇报 PPT |

# 任务 6　装饰踢脚线

| 任务目标 | |
|---|---|
| 应知理论 | 了解装饰踢脚线基础知识，掌握踢脚线材料的种类、性能和规格 |
| 应会技能 | 掌握根据实际情况选用合适的装饰踢脚线材料的能力 |
| 应修素养 | 养成在生活中善于观察，勤于思考，注重总结的好习惯 |

| 任务分析 | |
|---|---|
| 任务描述 | 了解踢脚线的基本概念，学习掌握踢脚线的基本知识，掌握踢脚线的常见种类、基本性能、主要规格和具体应用，了解使用踢脚线的注意要点 |
| 任务重点 | 踢脚线的材质、种类、具体应用 |
| 任务难点 | 踢脚线的工艺做法 |
| **任务计划** | |
| 任务点 | 6.1　基本作用 |
| | 6.2　踢脚线材质类型及应用 |
| | 6.3　踢脚线选购要点 |
| **任务实施** | |
| 实施步骤 | 发布任务（明确任务目标）—任务分析—任务计划—任务实施—质量检查—评价反馈—能力拓展 |
| 实施要点 | 在学习任务中做好任务分析、观察思考、小组讨论、小组代表发言、知识拓展、课后练习、自我评价、教师评价等环节 |
| 实施建议 | 详见手册使用总览：要求与建议 |

课件：装饰踢脚线　微课：装饰踢脚线　装饰踢脚线全部插图

## 6.1　基本作用

踢脚线因为是贴在墙面与地面相交的部位，形象点讲就是在脚可以踢到的部位，因此被称为"踢脚线"（图3-76）。踢脚线主要有三个作用：一是保护墙面；二是装饰收边；三是装饰收口（表3-21）。

图3-76　踢脚线

表 3-21　踢脚线基本作用

| 序号 | 名称 | 说明 |
|---|---|---|
| 1 | 保护 | 安装踢脚线最直接的作用就是可以避免外力碰撞对墙根处造成的损坏。同时，可以保护油漆或裱糊墙面，在拖地时不会被打湿，否则墙面很容易发霉 |
| 2 | 美化 | （1）踢脚线可以使地板与墙面有一个中间过渡，在视觉上有一个缓冲+收边的作用。<br>（2）踢脚线可以利用它们本身独具的线形美感与室内其他装饰相互呼应，称为室内风格细节的一部分 |
| 3 | 收口 | 如木地板收口、地毯收口（图 3-77）等<br><br>图 3-77　利用踢脚线对地毯或木地板进行收口 |

## 6.2　踢脚线材质类型及应用

随着生产工艺的发展，踢脚线也从以前较单一的瓷质、木制踢脚线发展到今天多种材料的踢脚线产品。按材料不同可分为木制踢脚线、瓷质踢脚线、金属踢脚线、人造石踢脚线、玻璃踢脚线等。材料的不同，其高度规格相差很大，一般来说，60 ～ 300 mm 都是合理的。

扫描二维码学习瓷质踢脚线、石质踢脚线、木质踢脚线、金属踢脚线、PVC踢脚线等。

拓展学习：踢脚线材质类型

## 6.3　踢脚线选购要点

踢脚线的选购应首先注意与居室的整体协调性，踢脚线的材质、颜色及纹理应与地板、家具的颜色和纹理相协调。在质量方面，瓷质踢脚线的选购和陶瓷墙地砖的选购基本一致。此外，还应检查其是否有死节、髓心、腐斑等缺陷，线性是否清晰、流畅等。

🔊 成长小贴士 3-6

**生活中要善于观察，勤于思考，注重总结**

我们每天生活中都会接触到各种各样的空间装饰、生活用品、工具器物，很多东西因为太熟悉了，结果反而不曾注意过，这就是"熟视无睹"这个词的含义。例如，我们有没有留意过建筑材料水泥，有没有试图去了解水泥是什么时候取代了土木和石材成了现在建筑的主要材料，并且重新塑造了我们的世界？我们有没有留意过水龙头，有没有思考过水龙头名称的由来以及其中所蕴含的有趣的文化知识？再如踢脚线，在生活中随处可见，我们有没有留意过、思考过踢脚线的作用？如果都没有，没有关系，从现在开始，留意生活中的事物，善于观察、勤于思考，做一个生活的有心人。

★ **素养闪光点：做个生活的有心人。**

| 质量检查 | | |
|---|---|---|
| **思考与练习** | | |
| 1. 是否了解和掌握踢脚线的基本概念和具体作用？<br>2. 是否熟悉和掌握踢脚线的材质类别、规格和基本用法？<br>3. 是否了解踢脚线的选购要点？ | | |
| **岗课赛证** | | |
| 扫描二维码进行本任务岗课赛证融通习题的答题，或进入网络平台获取更丰富的学习内容 | | 岗课赛证习题 |
| **评价反馈** | | |
| 学生<br>自评 | 1. 是否了解踢脚线的基本概念和具体作用？☐是 ☐否 | |
| | 2. 是否理解和掌握踢脚线的材质类型、规格和要点？☐是 ☐否 | |
| | 3. 是否了解踢脚线材料的选购要点？☐是 ☐否 | |
| | 学生签名： 评价日期： | |
| 教师<br>评价 | 教师评价意见： | |
| | 教师签名： 评价日期： | |
| 学习<br>心得 | | |
| **能力拓展** | | |
| 通过互联网、现场实拍等方式，找到各类踢脚线材料的更多资料，并以小组为单位制作汇报PPT | | |

# 任务 7　泥水工程施工要点及注意事项

| 任务目标 | |
|---|---|
| 应知理论 | 了解泥水工程施工要点和相关的注意事项 |
| 应会技能 | 具备掌握泥水工程施工的基本管理能力 |
| 应修素养 | 具有规矩意识，明白"横平竖直，有规有矩"的道理 |
| **任务分析** | |
| 任务描述 | 通过了解泥水工程施工的基本流程、要点和相关的注意事项，掌握初步的泥水施工基本管理能力 |
| 任务重点 | 泥水施工基本流程 |
| 任务难点 | 泥水施工要点和注意事项 |
| **任务计划** | |
| 任务点 | 7.1　瓷砖 / 石材地面铺贴施工 |
| | 7.2　石材 / 瓷砖墙面湿贴施工 |
| | 7.3　石材 / 瓷砖墙面干粘（胶粘）法施工 |
| | 7.4　石材墙面湿挂法施工 |
| | 7.5　石材墙面干挂法施工 |
| **任务实施** | |
| 实施步骤 | 发布任务（明确任务目标）—任务分析—任务计划—任务实施—质量检查—评价反馈—能力拓展 |
| 实施要点 | 在学习任务中做好任务分析、观察思考、小组讨论、小组代表发言、知识拓展、课后练习、自我评价、教师评价等环节 |
| 实施建议 | 详见手册使用总览：要求与建议 |

课件：工程施工要点及注意事项

微课：工程施工要点及注意事项 1

微课：工程施工要点及注意事项 2

## 7.1　瓷砖/石材地面铺贴施工

扫描二维码学习瓷砖 / 石材地面铺贴施工（包括基层处理和防水处理、划线定位 / 确定水平面、排砖、铺贴、地漏周边瓷砖切割、清理、勾缝等）以及其他一些注意事项。

拓展学习：瓷砖 / 石材地面铺贴施工

动画：石材楼地面构造

## ■ 7.2 石材/瓷砖墙面湿贴施工

扫描二维码学习石材/瓷砖墙面湿贴施工（包括基层处理、划线定位/确定垂直面、预排、铺贴、清理、勾缝、粘贴管道标识胶带等）以及其他一些注意事项。

拓展学习：石材/瓷砖墙面湿贴施工

动画：陶瓷地砖/墙砖构造

## ■ 7.3 石材/瓷砖墙面干粘（胶粘）法施工

扫描二维码学习石材/瓷砖墙面干粘（胶粘）法（包括施工准备、粘贴石材等）及其他一些注意事项。

拓展学习：石材/瓷砖墙面干粘（胶粘）法施工

拓展学习：石材墙面湿挂法施工

## ■ 7.4 石材墙面湿挂法施工

扫描二维码学习瓷砖/石材地面铺贴施工（包括施工准备、绑扎钢筋、划线定位、安装石材板、灌浆、清理、勾缝等）以及其他一些注意事项。

## ■ 7.5 石材墙面干挂法施工

扫描二维码学习石材墙面干挂法施工（包括基层处理、划线定位/确定垂直面、预排、铺贴、清理、勾缝、粘贴管道标识胶带等）以及其他一些注意事项。

拓展学习：石材墙面干挂法施工

动画：石材干挂/石材磨边

## ●知识拓展

### 四种石材及瓷砖处理方式总结

前面介绍石材及瓷砖主要有湿贴、干粘（胶粘）、湿挂、干挂四种施工方式。这四种方式各有优缺点，也有不同的适用范围，四种施工方式总结见表3-22。

表3-22　石材四种施工方法总结

| | | 优点 | 缺点 | 适用于 |
|---|---|---|---|---|
| 贴 | 湿贴 | 施工快，成本低，不占空间，适用较广 | 黏结度低，易空鼓，易脱落；易返碱；瓷砖胶要优于水泥砂浆 | 板材较轻较薄；层高不高的空间（≤3.5 m） |
| | 干粘 | 施工快，不空鼓，不返碱，不占空间 | 抗震性差；成本较高；温度要求高（常温） | 不能沾水的基底（主要是指木基层板）；板材较轻、较薄；层高不高的空间（≤3.5 m）或家具制作 |

| | | 优点 | 缺点 | 适用于 |
|---|---|---|---|---|
| 挂 | 湿挂 | 安全性高 | 施工慢（要分层浇筑）；易空鼓，易返碱；成本较高 | 建筑外墙或较高的室内空间（≥3.5 m），属于基本淘汰的旧工艺 |
| | 干挂 | 安全性高（纯物理受力），抗震性强，没有胶粘剂不存在空鼓、返碱的问题 | 施工慢；抗冲击性差（因为内部为空洞，遭受外力冲击容易内凹断裂）；占空间大（最少要80 mm的完成面厚度：角铁50 mm＋10 mm调平空间＋20 mm石材厚度）；成本较高 | 建筑外墙或较高的室内空间（≥3.5 m） |

## 🔊 成长小贴士 3-7

### 横平竖直既是泥工规范，也是人生的准则

泥水工程主要内容是砌墙砌瓦、铺贴瓷砖，看起来是比较讲究体力而显得十分粗犷，但我们在泥工施工的过程中仔细观察就不难发现，几乎所有的工作都需要先找平，也就是利用找平水管或水平仪打好水平线或垂直线，再细致地进行施工。

横平竖直，有规有矩，这不仅仅是泥工施工的要求，也是我们做人的准则。

★ **素养闪光点：横平竖直，有规有矩。**

| 质量检查 |
|---|
| **思考与练习** |
| 1. 是否了解和掌握瓷砖／石材地面铺贴的施工流程、要点和要求？<br>2. 是否了解和掌握石材／瓷砖墙面湿贴的施工流程、要点和要求？<br>3. 是否了解和掌握石材墙面湿挂的施工流程、要点和要求？<br>4. 是否了解和掌握石材墙面干挂的施工流程、要点和要求？ |

| **岗课赛证** | |
|---|---|
| 扫描二维码进行本任务岗课赛证融通习题的答题，或进入网络平台获取更丰富的学习内容 | <br>岗课赛证习题 |

| **评价反馈** | | |
|---|---|---|
| 学生自评 | 1. 是否熟悉泥工工程施工的基本流程？ □是　□否 | |
| | 2. 是否了解泥工工程施工的基本要点？ □是　□否 | |
| | 学生签名：　　　　　　评价日期： | |

| 教师评价 | 教师评价意见： | | |
|---|---|---|---|
| | | 教师签名： | 评价日期： |
| 学习心得 | | | |
| **能力拓展** | | | |
| 仔细观察日常生活中的室内外空间和建筑外墙，收集瓷砖／石材地面铺贴、瓷砖墙面湿贴、石材墙面湿挂、石材墙面干挂的具体案例，并以小组为单位制作汇报 PPT | | | |

# 项目4 木工工程材料

木工工程内容丰富、变化多样、技术含量高，现在随着材料和工艺的发展在很多工序上虽然大大简化了，但仍然是一个工程量大、工艺技术复杂、涉及金额高的工种。木工工程主要包含以下几项内容：

（1）吊顶工程。无论家装工装都可能包含不同程度的吊顶工程。吊顶工程是集美观装饰、照明布置、机电设备等于一体的重要构造，所用材料包括轻钢龙骨、木工板、石膏板等，由木工来制作完成。

（2）固定家具。其主要包括各类固定衣柜、橱柜、吊柜、榻榻米等，也称为定制类家具，是家庭收纳、功能使用的重要内容，可以由木工制作，也可以采购品牌类的全屋定制产品。

（3）背景墙等木基层打底构造。无论是客厅背景墙、卧室背景墙、餐厅背景墙还是各类墙面装饰构造，都离不开木基层板做好的基层构造，是装饰工程中最具变化、内容最丰富的部分。

（4）各类其他木构造。如门窗套、窗帘盒、墙裙、护墙板等。

# 任务1 木材基础知识

| 任务目标 | |
|---|---|
| 应知理论 | 了解木材概念、种类等基础知识，了解红木的相关知识 |
| 应会技能 | 具备根据实际情况选用合适的木质材料的能力 |
| 应修素养 | 注重文化积累和底蕴提升，助力职业道路走得更好、更远 |
| **任务分析** | |
| 任务描述 | 了解木材的概念，学习掌握木材的基本分类、常见木材和基本属性，了解红木的基本知识 |
| 任务重点 | 针叶类和阔叶类树木的基本属性特点 |
| 任务难点 | 红木的认识和鉴别 |
| **任务计划** | |
| 任务点 | 1.1　木材的概念与种类 |
| | 1.2　红木 |
| **任务实施** | |
| 实施步骤 | 发布任务（明确任务目标）—任务分析—任务计划—任务实施—质量检查—评价反馈—能力拓展 |
| 实施要点 | 在学习任务中做好任务分析、观察思考、小组讨论、小组代表发言、知识拓展、课后练习、自我评价、教师评价等环节 |
| 实施建议 | 详见手册使用总览：要求与建议 |

课件：木材基
础知识　　　微课：木材基
础知识　　　木材基础知识
全部插图

## ■ 1.1　木材的概念与种类

　　木材是能够次级生长的植物（如乔木和灌木）所形成的木质化组织，经砍伐和初步加工后，可供建筑及制造器物用的材料。表4-1简单介绍了木材结构、物理性质、缺陷、切割方式等，完整版扫描二维码进行学习。

拓展学习：木
材的概念与
种类

表 4-1　木材属性（简）

| 序号 | 名称 | 说明 |
|---|---|---|
| 1 | 概念 | 木材是可再生的植物性材料，有优秀的自身属性和不可替代的视觉、触觉美感，一般来自木本植物 |
| 2 | 成分 | 其中 90% 是碳水化合物和其他的一些无机成分 |
| 3 | 结构 | 树皮、形成层、边材、心材、髓心（图 4-1） 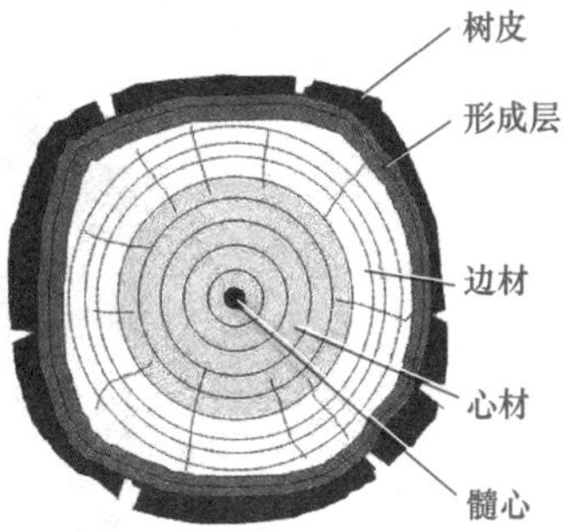<br><br>图 4-1　木材基本结构图 |
| 4 | 基本分类 | 针叶类<br>生长速度快，树干笔直高大，材质均匀，木质较软易加工，耐久性较差；常见的针叶类树种有杉木、松木、柏木等（图 4-2） <br><br>杉木　　松木　　柏木　　银杏<br>图 4-2　常见针叶类树种<br><br>阔叶类<br>生长速度慢，树干相对较短较扭曲，材质相对不均匀，木质较硬较难加工，耐久性较好。常见的阔叶类树木有水曲柳（白蜡木）、樟木、榆木、榉木、柚木、橡木、楠木等（图 4-3） 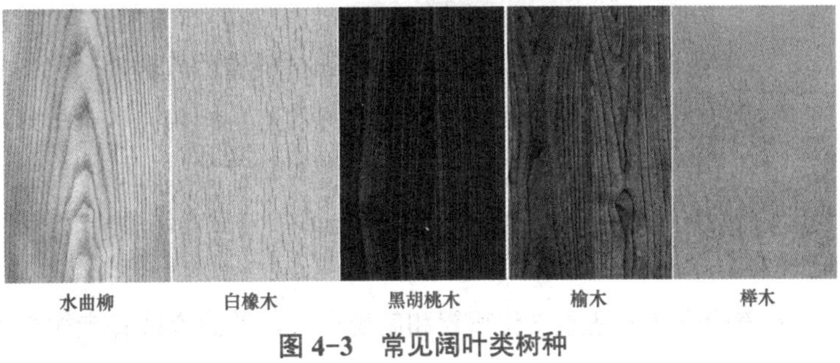<br><br>水曲柳　　白橡木　　黑胡桃木　　榆木　　榉木<br>图 4-3　常见阔叶类树种 |

| 序号 | 名称 | 说明 |
|---|---|---|
| 5 | 物理性质 | 密度（基本密度、气干密度）、含水率、胀缩性、良好的力学性能等 |
| 6 | 缺陷 | 天然缺陷、生物危害、加工损坏等 |
| 7 | 切割方式 | 弦切、刻切、径切（图4-4）<br><br>图4-4　木材切割方法 |
| 8 | 用途 | 造纸、人造板材、家具板材、建筑构件等 |

## 1.2　红木

红木是明清以来，对稀有硬木的统称，红木属于高端、名贵家具用材，为热带地区所产，最初是指红色的硬木，品种较多。扫描二维码学习红木的概念和种类，以及红木中的四大名旦：紫檀木、酸枝木、花梨木和鸡翅木。

拓展学习：红木

### 🔊 成长小贴士4-1

#### 了解装饰材料背后蕴含的文化

学习木工工程装饰材料，先了解木材的基本知识，从而引出对红木的相关知识，并由此可以进一步了解中国的木工工艺，包括中国传统家具工艺、木雕工艺等，了解工艺背后蕴含的文化。注重文化的发掘和知识的积累，是成为一名优秀室内设计师应该具备的职业习惯和职业素养。

★ **素养闪光点**：注重文化积累和底蕴提升，职业道路将走得更远。

| 质量检查 | |
|---|---|
| **思考与练习** | |
| 1. 是否了解木材的基本概念和分类？<br>2. 是否了解红木的基本概念？ | |
| **岗课赛证** | |
| 扫描二维码进行本任务岗课赛证融通习题的答题，或进入网络平台获取更丰富的学习内容 | <br>岗课赛证习题 |

| 能力拓展 |
|---|
| 通过互联网、现场实拍等方式，找到木材种类的更多资料，并以小组为单位制作汇报 PPT |

# 任务 2　装饰板材

| 任务目标 | |
|---|---|
| **应知理论** | 了解人造装饰板材基础知识，掌握人造板材的种类、性能和规格 |
| **应会技能** | 具备掌握根据实际情况选用合适的装饰板材的能力 |
| **应修素养** | 具有"因材施用，注重套裁"的职业意识 |
| **任务分析** | |
| **任务描述** | 了解装饰板材的概念，学习掌握装饰板材的常见种类、基本性能、主要规格和具体应用，了解使用装饰板材的注意要点 |
| **任务重点** | 各类基层板的性能和应用 |
| **任务难点** | 各类饰面板的种类和应用 |

| 任务计划 | | |
|---|---|---|
| **任务点** | 2.1 基层板类 | 2.4 柜门板类 |
| | 2.2 饰面板类 | 2.5 墙板类 |
| | 2.3 柜板类 | 2.6 装饰板材选购要点 |
| **任务实施** | | |
| **实施步骤** | 发布任务（明确任务目标）—任务分析—任务计划—任务实施—质量检查—评价反馈—能力拓展 | |
| **实施要点** | 在学习任务中做好任务分析、观察思考、小组讨论、小组代表发言、知识拓展、课后练习、自我评价、教师评价等环节 | |
| **实施建议** | 详见手册使用总览：要求与建议 | |

| 课件：装饰板材 | 微课：装饰板材 1 | 微课：装饰板材 2 | 装饰板材全部插图 |

装饰板材种类繁多，根据施工中使用部位和具体功能的不同可以分为基层板、饰面板、柜板、柜门板、墙板等几大类。

## 2.1 基层板类

基层板就是用作基层的人造木工板材，本身不具有装饰性，而是用于各类木构造的基层打底使用。其按材质可分为木质和非木质两类。基层板类材料见表 4-2。

表 4-2 基层板类材料

| 胶合板 | | 材质 | 木质 |
|---|---|---|---|
| （1）别名 | 多层板、细芯板、夹板 | | |
| （2）概念 | 传统的木工板材，是将木材"旋切"成 1 mm 厚或更厚一些的木薄片（图 4-5），由多层木薄片胶合胶贴热压制成，通常是单数层，如 3 层板、5 层板、9 层板等，也称为 3 厘板、5 厘板、9 厘板等（装饰中称 1 mm 为 1 厘，不光板材如此，玻璃等材料也同样如此）（图 4-6）<br><br>图 4-5 木材旋切技术 | | | |

| | | | |
|---|---|---|---|
| （2）概念 | <br>图 4-6　胶合板（夹板 / 多层板 / 细芯板） | | |
| （3）特点 | 1）结构强度高、拥有良好的弹性、韧性，易加工和涂饰作业，能够较轻易地创造出弯曲的、圆的、方的等各种各样的造型。<br>2）胶合板含胶量相对较大，施工时要做好封边处理，尽量减少污染。<br>3）因为胶合板的原材料为各种原木材，所以也怕白蚁，在一些大量采用胶合板的木作业中还要进行防白蚁的处理 | | |
| （4）尺寸 | 板面 | 通常为 1 220 mm×2 440 mm（各类板材的通用规格） | |
| | 厚度 | 常见的有 3 厘板、5 厘板、9 厘板、12 厘板、15 厘板和 18 厘板 6 种规格（1 厘即为 1 mm 厚） | |
| （5）用途 | 胶合板一般用于吊顶、木结构打底基层、板式家具的柜板 / 背板、门扇的基板等各种木工作业中（图 4-7）<br><br>图 4-7　胶合板打底的木构造 | | |
| **大芯板** | | **材质** | **木质** |
| （1）别名 | 细木工板 | | |
| （2）概念 | 是由上下两层胶合板加中间木条构成（图 4-8）。和胶合板一样，也是室内最为常用的板材之一，并且强度更高，常用于木结构中的主要承重部分<br><br>图 4-8　大芯板（细木工板） | | |

| | | |
|---|---|---|
| （3）特点 | 1）大芯板内芯的木条有多种，如杉木、松木、马六甲木等。<br>2）质量好的大芯板板内木条缝隙较小，拼接平整，结构扎实，承重力均匀，质量轻，强度高，长期使用不易变形，稳定性强于胶合板。<br>3）大芯板最主要的缺点是其横向抗弯性能较差，当用于制作书柜等承重要求较高的项目时，只能将书架之间的间距缩小。<br>4）大芯板胶粘剂的质量参差不齐，很多胶粘剂的甲醛和苯的含量都是超标的，所以不少大芯板锯开后会有刺鼻的味道 | |
| （4）尺寸 | 板面 | 通常为 1 220 mm×2 440 mm |
| | 厚度 | 15 mm、18 mm、25 mm，越厚价格越高 |
| （5）用途 | 大芯板一般用于吊顶、木结构打底基层、板式家具的柜板（一般用作生态板的底板）、门扇的基板等各种木工作业中（图4-9）<br><br>图4-9　大芯板打底的木构造 | |
| 密度板 | | 材质 | 木质 |

| | | |
|---|---|---|
| （1）别名 | 纤维板 | |
| （2）概念 | 1）密度板是将原木脱脂去皮，粉碎成木粉后再经加胶、高温、高压成型，因为其密度很高，所以被称为密度板（图4-10）。<br><br>图4-10　密度板（纤维板）<br>2）木材原料制作成木地板、木方或胶合板、大芯板后，会留下很多的碎木料和边角料，密度板就是对这些碎木料进行利用后的产品，因此具有一定的环保意义；但是也正因为板材本身是碎木料制成，所以属于相对质量较差的板材。<br>3）密度在 800 kg/m³ 以上的是高密度板，450～800 kg/m³ 的是中密度板，低于 450 kg/m³ 为低密度板。用作家具的一般为中密度板，也称为"中纤板"。板材其实并不是越重越好，自重太大容易变形 | |

| | | |
|---|---|---|
| （3）特点 | 1）密度板的握钉力不强，由于它的结构是木屑，没有纹路，所以当钉子或是螺丝紧固时，特别是钉子或螺丝在同一个地方紧固两次以上的话，螺钉旋紧后容易松动。所以密度板的施工主要采用贴，而不是钉的工艺。<br>2）密度板遇水后膨胀率大、抗弯性能差，不能用于过于潮湿和受力太大的木工作业中，使用中也要重视防潮。<br>3）密度板自重大，容易变形 | |
| （4）尺寸 | 板面 | 1 220 mm×2 440 mm 或根据需要定制 |
| | 厚度 | 3 mm、6 mm、8 mm、10 mm、12 mm、15 mm、18 mm、20 mm、25 mm 等 |
| （5）用途 | 密度板一般用于木结构打底基层、板式家具的背板、廉价家具柜板（一般用作生态板的底板）、强化复合木地板、吹塑板（柜门板）等（图 4-11）<br><br>图 4-11　密度板制作的基层板、吹塑门板和装饰线条 | |
| **刨花板** | **材质** | **木质** |
| （1）同类产品 | 实木颗粒板等 | |
| （2）概念 | 刨花板是将天然木材粉碎成颗粒状后，加入胶水、添加剂压制而成，因其剖面刨花颗粒明显，不平整，所以称为刨花板（图 4-12）。其性能特点与密度板类似<br><br>图 4-12　刨花板（实木颗粒板） | |
| （3）特点 | 1）传统的刨花板密度疏松易松动，抗弯性和抗拉性较差，强度也不如密度板，但是价格相对较低，同时握钉力较好。<br>2）升级产品是实木颗粒板、欧松板等板材，区别在于胶水质量的提升和工艺的改进，甲醛含量大大降低的同时，保留了较好的握钉力，板材强度提升，是目前品牌定制类家具的常用板材 | |

| （4）尺寸 | 板面 | 1 220 mm×2 440 mm 或根据需要定制 |
| | 厚度 | 3 mm、5 mm、6 mm、9 mm、12 mm、15 mm、16 mm、18 mm、25 mm 等 |

| （5）用途 | 普通刨花板一般用于木结构打底基层、板式家具的背板、廉价家具柜板等；实木颗粒板则是目前定制类家具的主要板材（图4-13）<br><br><br>图4-13　刨花板制作的柜板 |

| 欧松板 | | 材质 | 木质 |

| （1）概念 | 1）是刨花板的原理，但是以高标准来生产。<br>2）是以小径材、间伐材、木芯为原料，通过专用设备加工成为长 40 ～ 100 mm、宽 5 ～ 20 mm、厚 0.3 ～ 0.7 mm 的刨片，经脱油、干燥、施胶、定向铺装、热压成型等工艺制成的一种定向结构板材（图4-14）<br><br><br>图4-14　欧松板 |

| （2）特点 | 1）欧松板生产标准高，使用异氰酸酯胶（MDI）为胶合剂，健康环保，无有害气味，不含醛类、苯类对人体有害的物质。符合欧洲的 E1 标准。<br>2）欧松板在甲醛释放量的数据上几乎为零，是市场上最高等级的装饰板材。<br>3）欧松板防水防潮，防火，耐高温，性能超过普通大芯板。<br>4）欧松板由于是由许多大刨片多层定向交叉叠压在一起的，所以物理结构更加科学合理、稳定、无接头、无缝隙、无裂痕，整体均匀性好，内部结合强度极高。<br>5）欧松板虽然密度大，硬度高，但是也因此不容易将钉子钉进板材里，这样就对板材的加工造成了一定的困难。<br>6）价格较高 |

| （3）尺寸 | 板面 | 通常为 1 220 mm×2 440 mm |
| | 厚度 | 9 mm、11 mm、12 mm、15 mm、18 mm、20 mm 等 |

| | | | |
|---|---|---|---|
| （4）用途 | 欧松板一般用于木结构打底的高档板材（图4-15），也可用作柜门板<br><br><br>图4-15　欧松板打底的木构造 | | |
| **纸面石膏板** | | **材质** | **非木质（石膏质）** |
| （1）概念 | 纸面石膏板是以建筑石膏为主要原料，掺入适量添加剂与纤维做板芯，以特制的板纸为护面，经加工制成的板材。<br>纸面石膏板可分为普通、耐水、耐火和防潮四类 | | |
| （2）特点 | 具有质轻、防火、隔声、保温、隔热、加工性能良好（可刨、可钉、可锯）、施工方便、可拆装性能好，增大使用面积等优点，因此广泛用于各种工业建筑、民用建筑，尤其是在高层建筑中可作为内墙材料和装饰装修材料 | | |
| （3）尺寸 | 板面　通常为 1 220 mm×2 440 mm<br>厚度　9.5 mm、12 mm、15 mm 和 18 mm 等 | | |
| （4）用途 | 吊顶和轻质隔墙的基层打底板材 | | |
| **硅酸钙板** | | **材质** | **非木质（水泥质）** |
| （1）别名 | 水泥板 | | |
| （2）概念 | 1）是水泥石英砂和纤维经过蒸压而成，一般用作吊顶和隔墙打底，用法与纸面石膏板基本相同（图4-16）。<br><br>图4-16　硅酸钙板<br>2）是水泥板中用于基层打底的板材；此外，水泥板也有饰面板 | | |

| | | |
|---|---|---|
| （3）特点 | | 1）硅酸钙板是不燃 A$_1$ 级材料，当发生火灾时，板材不会燃烧，也不会产生有毒烟雾。<br>2）有好的防水性能，在卫生间、浴室等高湿度的地方，仍能保持性能的稳定，不会膨胀或变形。<br>3）强度高，6 mm 厚板材的强度大大超过 9.5 mm 厚的普通纸面石膏板。硅酸钙板墙体坚实可靠，不易受损破裂。<br>4）采用先进的配方，在严密的质量下控制生产，板材的湿涨和干缩率控制在最理想的范围。<br>5）有良好的隔热保温性能，10 mm 厚隔墙的隔热保温性能明显优于普通砖墙的效果，同时具有很好的隔音效果。<br>6）性能稳定，耐酸碱，不易腐蚀，也不会遭潮气或虫蚁等损害，可保证有超长的使用寿命 |
| （4）尺寸 | 板面 | 通常为 1 220 mm×2 440 mm |
| | 厚度 | 4 mm、5 mm、6 mm、8 mm、9 mm、10 mm、12 mm、15 mm、18 mm、20 mm、24 mm 等 |
| （5）用途 | | 吊顶和轻质隔墙的基层打底板材 |

## 2.2 饰面板类

从装饰构造的结构来看，有基层就有饰面，饰面板就是专门用于饰面的人造板材，有木质、水泥、金属等材质。饰面板类材料见表 4-3。

表 4-3 饰面板类材料

| 木饰面板 | | 材质 | 木质 |
|---|---|---|---|
| （1）别名 | 免漆木饰面板、贴面板、科定板、碳镁板、硅晶板、竹炭木饰面板、科技木饰面板等 | | |
| （2）概念 | 胶合板的原理（通常是 3 厘板或更薄），表面压印木纹清晰美观的木纹贴面或天然高档实木薄片，用于饰面（图 4-17）<br><br>图 4-17 木饰面板 | | |
| （3）特点 | 1）木纹贴面可以是天然木材薄片或人工的三聚氰胺木纹纸（生态板原理）。天然的木纹薄片通常要取自高档木材，因此这类饰面板价格较高；人工木纹纸的饰面板的价格则低很多。<br>2）木饰面板根据面层木种纹理的不同，有不同的品种，常用的木纹种类有柳木、橡木、榉木、枫木、樱桃木、胡桃木等；现在随着工艺的进步，纹理和色彩款式极为丰富，也可以实现仿石材、仿金属效果饰面。<br>3）近年来新材料、新工艺不断涌现，也出现了很多不同的名称，如竹炭木、碳镁板、硅晶板等，虽然技术上各有不同，但与木饰面板的原理是基本一致的 | | |

| （4）尺寸 | 板面 | 通常为 1 220 mm×2 440 mm |
|---|---|---|
| | 厚度 | 木饰面板因为只是作为装饰的贴面材料，所以通常是 3 mm 厚度（3 厘板）或更薄 |

| （5）用途 | 广泛应用于各类室内空间的面层装饰（图 4-18）<br><br>图 4-18　木饰面板的应用 |
|---|---|

| 铝塑板 | 材质 | 非木质（复合） |
|---|---|---|

| （1）别名 | 铝塑复合板 |
|---|---|

| （2）概念 | 铝塑板是由多层材料复合而成，上下层为高纯度铝合金板，中间为无毒低密度聚乙烯（PE）芯板，其正面还粘贴一层保护膜（图 4-19）。对于室外，铝塑板正面涂覆氟碳树脂（PVDF）涂层，对于室内，其正面可采用非氟碳树脂涂层<br>图 4-19　铝塑板及应用 |
|---|---|

| （3）分类 | 按功能分 | 防火板、抗菌防霉铝塑板、抗静电铝塑板等 |
|---|---|---|
| | 按装饰效果分 | 涂层装饰铝塑板、氧化着色铝塑板、贴膜装饰复合板、彩色印花铝塑板、拉丝铝塑板、镜面铝塑板等 |

| | | |
|---|---|---|
| （4）特点 | 1）铝塑板既有金属材料的强度、广泛的适用场景，又有塑料材料的韧性，性能优越，尤其能胜任室外复杂环境的使用。<br>2）材质轻，质量仅为 3.5～5.5 kg/m²，可减轻震灾所造成的危害，易于搬运。<br>3）铝塑板中间是阻燃的物质 PE 塑料芯材，两面是极难燃烧的铝层，是一种安全防火材料，符合建筑法规的耐火需要。<br>4）耐冲击性强、韧性高、弯曲不损面漆，抗冲击力强，在风沙较大的地区也不会出现因风沙造成的破损。<br>5）色彩丰富，并且耐候性强，不易褪色。<br>6）耐污性强，自洁性好，易清洁、易保养。<br>7）易加工，可以切割、裁切、开槽、带锯、钻孔、加工埋头，也可以冷弯、冷折、冷轧，还可以铆接、螺钉连接或用胶粘剂黏结等，安装简便、快捷，施工成本低 | |
| （5）施工 | 可以胶贴，也可以干挂；<br>可以无缝拼接（施工要求较高），也可以留缝（一般使用结构胶勾缝） | |
| （6）尺寸 | 板面 | 通常为 1 220 mm×2 440 mm |
| | 厚度 | 分室内和外墙两种，室内的铝塑板由两层 0.21 mm 的铝板和 PE 塑料芯板组成，总厚度为 3 mm；外墙的铝塑板厚度为 4 mm，由两层 0.5 mm 的铝板和 3 mm 的芯板组成 |
| （7）用途 | 大楼外墙、幕墙装修、阳台、设备单元、室内隔间、面板、标识板、展示台架、内墙装饰间板、顶棚、广告招牌等 | |

| 铝单板 | 材质 | 非木质（金属） |
|---|---|---|
| （2）概念 | 1）铝单板是指经过铬化等处理后，再采用氟碳喷涂技术，加工形成的建筑装饰材料（图 4-20）。氟碳涂料主要是指聚偏氟乙烯树脂，分为底漆、面漆、清漆三种。<br><br>图 4-20　铝单板及应用<br>2）铝单板是一种比铝塑板诞生更早的金属饰面材料；其造价比铝塑板高 | | |

| | | | |
|---|---|---|---|
| （3）特点 | 1）质量轻、钢性好、强度高，厚 3.0 mm 的铝板板重 8 kg/m²，抗拉强度为 100 ～ 280 N/mm²。<br>2）耐久性和耐腐蚀性好。采用 kynar-500、hylur500 为基料的 pvdf 氟碳漆，可用 25 年不褪色。<br>3）工艺性好。采用先加工后喷漆工艺，铝板可加工成平面、弧型和球面等各种复杂几何形状。<br>4）涂层均匀、色彩多样。先进静电喷涂技术使得油漆与铝板间附着均匀一致，颜色多样，选择空间大。<br>5）不易玷污，便于清洁保养。氟涂料膜的非黏着性，使表面很难附着污染物，更具有良好向洁性。<br>6）安装施工方便快捷。铝板在工厂成型，施工现场不需裁切，固定在骨架上即可。<br>7）可回收再利用，有利于环保。铝板可 100% 回收，不同于玻璃、石材、陶瓷、铝塑板等装饰材料，回收价值高 | | |
| （4）尺寸 | 板面 | 600 mm×600 mm、600 mm×1 200 mm 等，或根据需要定制 | |
| | 厚度 | 1.5 mm、2.0 mm、2.5 mm、3.0 mm 等 | |
| （5）用途 | 用作金属板幕墙、外墙饰面等 | | |
| **防火板** | | 材质 | 非木质（纸质） |
| （2）概念 | 防火板为复合纸质材质，是一种高级新型复合材料，用牛皮纸浆加入调和剂、阻燃剂等经高温高压处理而成（图 4-21）<br><br>图 4-21　防火板 | | |
| （3）特点 | 1）最大特点是具有良好的耐火性，也因此被称为防火板。<br>2）还具有耐磨、耐撞击、耐酸碱和防霉、防潮等优点。<br>3）防火板的面层可以纯色，也可以仿出各种木纹、金属拉丝、石材等效果 | | |
| （4）尺寸 | 板面 | 2 135 mm×915 mm、2 440 mm×915 mm、2 440 mm×1 220 mm 等 | |
| | 厚度 | 厚度一般为 0.6 mm、0.8 mm、1 mm 和 1.2 mm | |
| （5）用途 | 与铝塑板一致，用于墙柱饰面、柜门饰面 | | |
| **水泥板** | | 材质 | 非木质（水泥质） |
| （1）系列产品 | 装饰水泥板、拉丝清水板、木丝板、木纹板、水波纹板、品岩板等，都是饰面用水泥板产品（主要是表面纹理的细微差别） | | |

| | | |
|---|---|---|
| （2）概念 | 1）水泥板顾名思义是以水泥为主要原材料加工生产的一种建筑平板。在这里特指饰面用水泥基板材。<br>2）因清水混凝土风格而诞生的一种水泥材质、水泥质感的饰面材料，风格朴实无华、高级灰质感，因表面肌理的不同而有木丝板、品岩板、水纹板等类型（图4-22）<br><br>图4-22 水泥板及应用 | |
| （3）特点 | 1）最大的特点就是水泥质感，从而营造清水混凝土风格。<br>2）防火、耐热、耐温、耐潮湿、抗折、抗冲击、耐久性好。<br>3）价格较低 | |
| （4）尺寸 | 板面 | 通常为1 220 mm×2 440 mm |
| | 厚度 | 6 mm、8 mm、10 mm、12 mm、15 mm、18 mm、20 mm 等 |
| （5）用途 | 用于室内外墙面饰面 | |

## 2.3 柜板类

柜板类材料见表4-4。

表4-4 柜板类材料

| 生态板 | | 材质 | 木质 |
|---|---|---|---|
| （1）别名 | 三聚氰胺板、双面免漆板 | | |
| （2）概念 | 用木质基层板（夹板、大芯板、密度板或刨花板均可）作基础，表面热压三聚氰胺木纹纸饰面的板材，可以直接用于柜体，而无须另外上油漆，故称为生态板（图4-23）<br><br>图4-23 生态板（三聚氰胺板） | | |

| | | |
|---|---|---|
| （3）特点 | 1）可以直接用于定制类板式家具的制作，施工方便、易加工，主要包括裁切、钻孔、封边等工序，即可根据需要定制家具。<br>2）可以选择不同的基层板材，材质、价格和档次都可有较大不同；也可以选择做防潮、耐火处理。<br>3）可以选择不同的饰面效果，随意定制不同木种、纹理、色彩，可以搭配各种室内设计风格来使用。<br>4）环保等级要选择 E1 级，0.9 mg/L 的甲醛含量是强制实行的"安全标准线" | |
| （4）尺寸 | 板面 | 通常为 1 220 mm×2 440 mm |
| | 厚度 | 厚度一般为 18 mm，也可以做双层或多层加厚 |
| （5）用途 | 定制橱柜制作（图4-24），但是不耐潮湿，不要用于厨卫<br><br>图 4-24　生态板的应用 | |

| 指接板 | | 材质 | 木质 |
|---|---|---|---|

| | | |
|---|---|---|
| （1）别名 | 实木板 | |
| （2）概念 | 纯实木材质指接而成，有点类似于大芯板的中间层部分，既不用于基层也不用于饰面，而是一般直接用做柜体。<br>由于竖向木板间采用锯齿状接口，类似两手手指交叉对接，使得木材的强度和外观质量获得增强改进，故称为指接板 | |
| （3）特点 | 1）指接板上下无须粘贴夹板，用胶量大大减少。其用的胶一般是乳白胶，即聚醋酸乙烯酯的水溶液。<br>2）简单鉴别指接板好坏的方法是看芯材年轮：指接板多是杉木的，年轮较明显，年轮越大，说明树龄长，材质也就越好。<br>3）指接板分有节与无节两种，有节的存在疤眼，无节的不存在疤眼，较为美观；无论是哪种，都可以直接用于制作家具，表面不用再贴饰面板。<br>4）易加工，施工简便、快捷，施工成本低 | |
| （4）尺寸 | 板面 | 通常为 1 220 mm×2 440 mm |
| | 厚度 | 常见厚度有 12 mm、14 mm、16 mm、20 mm，最厚可达 36 mm |
| （5）用途 | 指接板用于橱柜家具制作（图4-25）<br><br>图 4-25　实木指接板及应用 | |

## 2.4 柜门板类

柜门板讲究较高的装饰性，因此有着非常多的产品类型，并且更新快、风格多样。前面提到的柜体板材如生态板、指接板也可以直接做柜门，缺点是不能做造型，风格较为单一。柜门板类材料分类见表4-5。扫描二维码学习柜门板类材料。

拓展学习：柜门板类材料

表 4-5　柜门板类材料分类

| | | |
|---|---|---|
| 免漆 | 生态板（三聚氰胺板） | 木基层板（密度板、颗粒板、欧松板、刨花板、大芯板、夹板均可）表面热压三聚氰胺木纹纸 |
| | 吸塑板 | 密度板表面热覆 PVC 膜 |
| | PET 板 | 木基层板表面热覆 PET 聚酯膜，分为肤感板和高晶板 |
| | PP 亚克力板 | 亚克力塑料材质，本身具有塑料光泽 |
| 上漆 | 烤漆板 | 密度板表面烤漆打磨 |
| | UV 漆板 | 木基层板表面经 UV 紫外线漆固化保护，如云石板、钛瓷高光板等 |
| | 油漆板 | 木器漆处理，如清漆、木蜡油、混油等 |

## 2.5 墙板类

墙板类材料见表4-6。

表 4-6　墙板类材料

| | 实木墙板 | 材质 | 木质 |
|---|---|---|---|
| 概念 | 材质、特点等与实木柜门板一致，纯实木制作，属于高档的墙板材料（图4-26）<br>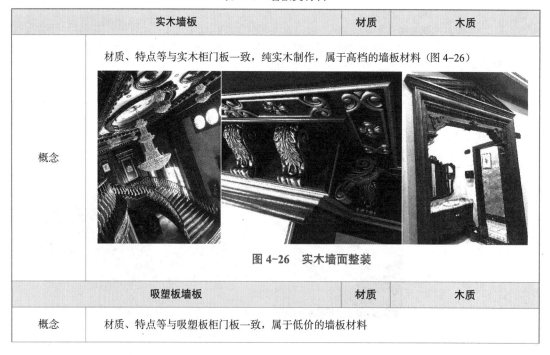<br>图 4-26　实木墙面整装 | | |
| | 吸塑板墙板 | 材质 | 木质 |
| 概念 | 材质、特点等与吸塑板柜门板一致，属于低价的墙板材料 | | |

| 竹木纤维墙板 | | 材质 | 非木质（复合） |
|---|---|---|---|

| （1）概念 | 混合材质的成品墙板，由竹木纤维与 PVC 材质融合而成，质感有点像塑料（图 4-27）<br><br><br><br>长度：3 000 mm（量多可定制）<br>厚度：9 mm<br>宽度：600/300 mm<br><br>图 4-27 竹木纤维墙板 |
|---|---|
| （2）特点 | 1）易加工，方便定制，价格实惠，性价比高。<br>2）表面可以做各种纹理，如仿木、仿大理石、仿墙布等。<br>3）可以直接安装于室内毛坯墙面，最大的特点是安装快捷、方便，缺点是接缝多。<br>4）有大量的配套线条、装饰构件，如边框线、罗马线／腰线、踢脚线、顶角线等，可以方便配套制作各种造型的集成墙面（图 4-28）。<br><br><br><br>80 mm×30 mm 边框线　56 mm×25 mm 边框线　58 mm×25 mm 罗马线/腰线　100 mm×17 mm 踢脚线　100 mm×27 mm 顶角线　36 mm×18 mm 边框线　60 mm×20 mm 腰线<br><br>图 4-28 竹木纤维墙板配套线条<br><br>5）除普通板材外，有凹凸造型的称为"长城板"，有吸声孔的称为"吸声板" |

| （3）尺寸 | 板面 | 尺寸通常宽为 0.3 m 或 0.6 m，长为 3 m，也可根据需要定制 |
|---|---|---|
| | 厚度 | 厚度一般为 9 mm |

| （4）用途 | 竹木纤维墙板可用作护墙板、集成墙板（图 4-29）<br><br><br><br>图 4-29 竹木纤维墙板应用 |
|---|---|

## 2.6 装饰板材选购要点

扫描二维码学习胶合板、大芯板、密度板、刨花板、生态板、纸面石膏板、铝塑板、防火板等产品的选购要点。

拓展学习：装饰板材选购要点

### 成长小贴士4-2

#### 因材施用，注重套裁

在装饰工程施工中，经常遇到原材料的套裁下料问题，套裁的优劣直接影响生产成本的高低。运用科学规划理论和组合原理，结合施工中常用的装饰材料下料进行优化，重点关注装饰工程中各类材料的套裁下料，建立优化的套裁下料的规律，采用逐级优化的设计思想，深入地研究下料问题。将有效提升材料利用率，减少资源浪费，提高工程项目的经济效益。

例如板材的运用，我们已经知道人造板材的尺寸一般是1 220 mm×2 440 mm。在设计木结构装饰构造的时候，就需要考虑造型的尺寸是否能够更好地控制板材的数量，而不至于造成不必要的浪费。

★ **素养闪光点：** 提高材料利用率，把控施工成本。

| 质量检查 |
|---|
| **思考与练习** |
| 1. 是否了解和掌握各类常用基层板类材料的性能、规格和基本用法？<br>2. 是否了解和掌握各类常用饰面板类材料的性能、规格和基本用法？<br>3. 是否了解和掌握各类常用柜板和柜门板类材料的性能、规格和基本用法？<br>4. 是否了解和掌握各类常用墙板类材料的性能、规格和基本用法？<br>5. 是否了解各类人造板材的选购要点？ |

| 岗课赛证 | |
|---|---|
| 扫描二维码进行本任务岗课赛证融通习题的答题，或进入网络平台获取更丰富的学习内容 | <br>岗课赛证习题 |

| | 评价反馈 |
|---|---|
| 学生<br>自评 | 1. 是否掌握基层板常见种类、性能和规格？□是　□否 |
| | 2. 是否掌握饰面板常见种类、性能和规格？□是　□否 |
| | 3. 是否掌握柜板和柜门板常见种类、性能和规格？□是　□否 |
| | 4. 是否掌握墙板常见种类、性能和规格？□是　□否 |
| | 5. 是否了解各类人造板材的选购要点？□是　□否 |
| | 学生签名：　　　　　　评价日期： |

| 教师评价 | 教师评价意见：                      |              |
|----------|-----------------------------------|--------------|
|          | 教师签名：            评价日期：    |              |
| 学习心得 |                                   |              |

| 能力拓展 |
|----------|
| 通过互联网、现场实拍等方式，找到各类人造板材的更多资料，并以小组为单位制作汇报 PPT |

# 任务 3　木地板

| 任务目标 | |
|----------|---|
| 应知理论 | 了解木地板基础知识，掌握木地板材料的种类、性能和规格 |
| 应会技能 | 具备掌握根据实际情况选用合适的木地板材料的能力 |
| 应修素养 | 树立以人为本的意识，注重人性化设计，做到充分的人文关怀 |
| **任务分析** | |
| 任务描述 | 了解木地板的概念，学习掌握木地板的常见种类、基本性能、主要规格和具体应用，了解使用木地板的注意要点 |
| 任务重点 | 实木地板的性能和应用 |
| 任务难点 | 强化复合木地板、多层实木地板的种类和应用 |
| **任务计划** | |
| 任务点 | 3.1　木地板主要类型及应用 |
|        | 3.2　木地板选购的要点 |
| **任务实施** | |
| 实施步骤 | 发布任务（明确任务目标）—任务分析—任务计划—任务实施—质量检查—评价反馈—能力拓展 |
| 实施要点 | 在学习任务中做好任务分析、观察思考、小组讨论、小组代表发言、知识拓展、课后练习、自我评价、教师评价等环节 |
| 实施建议 | 详见手册使用总览：要求与建议 |

课件：木地板　　　　微课：木地板　　　　木地板全部插图

## 3.1　木地板主要类型及应用

拓展学习：木
地板主要类型
及应用

目前市面上的木地板品种丰富，是各类空间尤其是卧室等起居空间的优良
地面材料。木地板品种的简易介绍见表4-7，完整版请扫描二维码学习。

表 4-7　木地板品种（简）

| 实木地板 | |
|---|---|
| （1）概念 | 天然木材直接加工制成的地面装饰板材（图4-30），有害物含量较少，天然环保。不同的木种和板块尺寸，价格差异很大<br><br>图 4-30　实木地板 |
| （2）表面 | 素板：本身没有上漆，需要安装后再进行油漆处理<br>漆板：上漆成品，是市场上实木地板的主流产品 |
| （3）效果 | 平板、仿古浮雕、手抓纹、烟熏效果、拉丝效果等（图4-31）<br><br>仿古浮雕　　手抓纹　　烟熏　　拉丝<br>图 4-31　实木地板表面处理方法 |
| （4）价格因素 | 木种、尺寸、颜色等 |
| （5）接口 | 平口（即无企口，属于淘汰产品）、企口（分为单企口和双企口）(图4-32)<br><br>图 4-32　木地板企口 |

| | | |
|---|---|---|
| （6）特点 | 优点 | 隔声隔热，调节湿度，冬暖夏凉，绿色环保，健康有益，经久耐用，高档美观 |
| | 缺点 | 价格高，施工要求高，环境要求高，保养要求高 |
| （7）铺装要求 | | 地面做好水泥砂浆抹平见光；铺好防潮垫；板长顺门和窗的方向，错缝铺贴，企口榫接；使用收口条做好收口 |
| （8）保养要求 | | 不能太阳直晒；不能过于潮湿，不可使用湿拖把拖地；不可沾染油污；定期清扫地板、吸尘，防止沙子或摩擦性灰尘堆积而刮擦地板表面；最好能定期打蜡，否则地板表面的光泽很快就消失 |
| （9）尺寸 | 板面 | 实木地板的尺寸受木原料影响较大，常见的尺寸有 900 mm×116 mm、910 mm×122 mm、910 mm×155 mm 等 |
| | 厚度 | 厚度一般为 18 mm |
| （10）计价 | | 按平方米（m²）计算价格 |
| **实木复合地板** | | |
| （1）概念 | | 胶合板原理。表面为高档硬木，纹理清晰自然美观；其余层为较软木材或普通硬木，降低成本的同时脚感舒适、稳定性好、耐久度好。有三层实木复合地板和多层实木复合地板两种类型 |
| （2）结构类型（图 4-33） | 三层 | 三层实木复合地板从上至下，分别由表层板、软质实木芯板和底层实木单板三层实木复合而成 |
| | 多层 | 多层实木复合地板是由多层薄实木单片胶粘而成。最大的优点是变形率很小，但用胶量大，容易造成甲醛污染 |

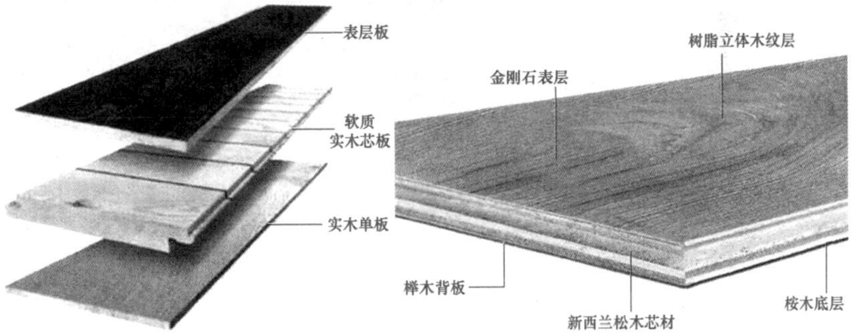

图 4-33　三层结构和多层结构的实木复合地板

| | | |
|---|---|---|
| （3）特点 | | 有天然纹理，成本也较低；结构稳定，不易变形；但是胶水有一定的污染，也有脱胶问题 |
| （4）尺寸 | 板面 | 由于是胶合板原理，因此不受原材料本身尺寸的限制，可以做成大尺寸的板材，常见的尺寸有 1 900 mm×189 mm、1 910 mm×186 mm、1 910 mm×192 mm 等 |
| | 厚度 | 常见厚度有 15 mm、18 mm 等 |
| （5）计价 | | 按平方米（m²）计算价格 |

| 强化复合木地板（金刚板） | | |
|---|---|---|
| （1）概念 | 　强化复合木地板也称金刚板，是在原木粉碎的基础上，添加胶水、防腐剂、添加剂后，经热压机高温高压压制处理而成（图4-34）。<br><br><br><br>**图4-34　强化复合木地板**<br><br>其对木材的利用率几乎达到100%；但是本身属于密度板材质，是低档的木地板产品 | |
| （2）结构 | 平衡层、基材层、木纹层、耐磨层（图4-35）<br><br><br><br>耐磨层<br>学名为三氧化二铝，硬度仅次于金刚钻，耐磨度高，无须保养<br><br>木纹层<br>由原纸印刷而成，仿天然实木纹路，逼真度媲美实木地板<br><br>平衡层<br>有效防止地板在生产过程中变形弯曲，另外在使用过程中防止水泥的潮气侵蚀强化地板<br><br>基材层<br>强化地板的材质由原木纤维压制而成，低碳环保，不浪费森林资源，目前国内最顶级基材为大亚基材<br><br>**图4-35　强化复合木地板结构** | |
| （3）特点 | 密度板原理，木粉制成，怕潮湿，耐久性差；胶水等添加物较多，甲醛等有害物较重；人造纹理；价格低；一般用于工装，尽量不用于家装 | |
| （4）尺寸 | 板面 | 模压制作，尺寸可以自由设计，一般制作成大尺寸板材，如1 220 mm×202 mm等 |
| | 厚度 | 厚度有8 mm、11 mm、12 mm、15 mm等 |
| （5）计价 | 按平方米（m²）计算价格 | |

| | 软木地板 |
|---|---|
| （1）概念 | 刨花板原理。软木主要是指栓皮栎橡树树皮，经过颗粒化后热压而成（图4-36）<br><br><br><br>图 4-36　软木地板 |
| （2）类型 | 粘贴式（较薄，一般为三层结构）、锁扣式（较厚，一般为六层结构） |
| （3）特点 | 柔软、安静、舒适、隔声、保温；耐磨抗压性差；容易存灰 |

| （4）尺寸 | 板面 | 粘贴式通常为 300 mm×600 mm 等 |
|---|---|---|
| | | 锁扣式通常为 305 mm×915 mm 等 |
| | 厚度 | 粘贴式厚度有 4 mm、6 mm、8 mm 等 |
| | | 锁扣式常见厚度为 10 ～ 11 mm |

| （5）计价 | 按平方米（m²）计算价格 |
|---|---|

| | 竹木地板 |
|---|---|
| （1）概念 | 以生长期为 5 年左右的毛竹为原料，拼接、粘合、高压而成。<br>有纯竹木地板（图4-37），也有竹材与木材的复合产品（其面板和底板，采用的是上好的竹材，而其芯层多为杉木、樟木等木材）<br><br><br><br>图 4-37　竹木地板 |

| | | |
|---|---|---|
| （2）特点 | 1）用料来源广泛，成本较低；表面硬度高，不易变形；色泽清爽淡雅；性温热，吸声隔声；能吸收紫外线，防虫、防菌、防静电，有宜人的香气。<br>2）拼接界限多，竹节多 | |
| （3）尺寸 | 板面 | 通常为 1 030 mm×130 mm |
| | 厚度 | 常见厚度为 17 mm |
| （4）计价 | 按平方米（m²）计算价格 | |

## 3.2  木地板的选购要点

扫描二维码学习木地板的选购要点，包括色彩、木种、质地、规格、含水率、加工精度、油漆质量、售后服务等。

拓展学习：木地板的选购要点

### 📢 成长小贴士 4-3

**家有老人，房间适合使用木地板**

木材有不可替代的温润质感，木地板铺就的地面即使在冬天也会保持温和、舒适，如果家中有老人，非常需要在房间铺设木地板，如果铺设瓷砖老人冬天踩在地面上脚会因受冻而疼痛。除此之外，在室内设计中可以说随处都需要关注人的需要，为人而做设计，这是室内设计师的核心职业素养。

★ **素养闪光点**：以人为本，注重人性化设计，做到充分的人文关怀。

| 质量检查 |
|---|
| 思考与练习 |
| 1. 是否了解和掌握各类木地板的性能、规格和基本用法？<br>2. 是否了解各类木地板的选购要点？ |
| 岗课赛证 |
| 扫描二维码进行本任务岗课赛证融通习题的答题，或进入网络平台获取更丰富的学习内容　　<br>岗课赛证习题 |

| | 评价反馈 | | |
|---|---|---|---|
| 学生自评 | 1. 是否掌握木地板常见种类、性能和规格？□是　□否 | | |
| | 2. 是否了解木地板的选购要点？□是　□否 | | |
| | 学生签名：　　　　　　　　评价日期： | | |
| 教师评价 | 教师评价意见： | | |
| | 教师签名：　　　　　　　　评价日期： | | |
| 学习心得 | | | |
| | 能力拓展 | | |
| 通过互联网、现场实拍等方式，找到各类木地板的更多资料，并以小组为单位制作汇报 PPT | | | |

# 任务4　装饰骨架材料

| | 任务目标 | |
|---|---|---|
| 应知理论 | 了解骨架材料基础知识，掌握装饰骨架材料的种类、性能和规格 | |
| 应会技能 | 具备根据实际情况选用合适的装饰骨架材料的能力 | |
| 应修素养 | 理解装饰材料名称里蕴含的深厚、有趣的中国传统文化 | |
| | 任务分析 | |
| 任务描述 | 了解装饰骨架材料的概念，学习掌握装饰骨架材料的常见种类、基本性能、主要规格和具体应用，了解使用装饰骨架材料的注意要点 | |
| 任务重点 | 轻钢龙骨的性能和应用 | |
| 任务难点 | 木方、铝合金龙骨的性能和应用 | |
| | 任务计划 | |
| 任务点 | 4.1　装饰骨架材料主要类型及应用 | |
| | 4.2　装饰骨架材料选购要点 | |
| | 任务实施 | |
| 实施步骤 | 发布任务（明确任务目标）—任务分析—任务计划—任务实施—质量检查—评价反馈—能力拓展 | |
| 实施要点 | 在学习任务中做好任务分析、观察思考、小组讨论、小组代表发言、知识拓展、课后练习、自我评价、教师评价等环节 | |

| 实施建议 | 详见手册使用总览：要求与建议 |
|---|---|
| |  课件：装饰骨架材料   微课：装饰骨架材料 |

## ■ 4.1 装饰骨架材料主要类型及应用

骨架材料是室内装修中用于支撑基层的结构性材料，能够起到支撑造型、固定结构的作用。骨架材料广泛用于吊顶、实木地板、隔墙及门窗套等施工中。骨架材料也称龙骨，种类很多，根据使用部位可分为吊顶龙骨、竖墙龙骨、铺地龙骨及悬挂龙骨等。根据装饰施工工艺不同，还可以分为承重和不承重龙骨，即上人龙骨和不上人龙骨。根据制作材料的不同，可分为木龙骨、金属龙骨等。

拓展学习：装饰骨架材料主要类型及应用

金属龙骨从材质上，可以分为轻钢龙骨、铝合金龙骨、不锈钢龙骨、烤漆龙骨等。其中，不锈钢龙骨成本较高，烤漆龙骨则是在以上龙骨的基础上进行表面烤漆加工，使其更加美观，所以用于明装吊顶。

无论是轻钢龙骨还是铝合金龙骨，都可以按龙骨形状和组合方式分为 T 形、U 形、H 形、V 形、C 形、三角形等不同类型，并用于不同的吊顶结构。只不过一些吊顶类型会有一些相对固定配套的龙骨材料，如纸面石膏板吊顶一般就搭配 U 形轻钢龙骨来使用；装饰石膏板 / 吸声板 / 矿棉板 / 硅钙板吊顶一般就搭配 T 形铝合金龙骨或轻钢龙骨来使用；而铝扣板吊顶一般搭配三角铝合金龙骨来使用。扫描二维码学习装饰骨架材料。

## ■ 4.2 装饰骨架材料选购要点

扫描二维码学习木龙骨、轻钢龙骨及铝合金龙骨的选购要点。

拓展学习：装饰骨架材料选购要点

### 🔊 成长小贴士 4-4

#### 龙骨 – 骨架

木龙骨、轻钢龙骨……龙骨是一个典型的极具中国文化底蕴的称呼，相比直接称为骨架显得有趣又有内涵。我们在生活中可以多多留意这样的情况，收集一些类似的名称，并查找资料了解名称背后所蕴含的历史文化，一定会很有意思。

★ **素养闪光点：** 中国传统文化底蕴深厚，无处不在。

| 质量检查 |
|---|
| **思考与练习** |
| 1. 是否了解和掌握龙骨材料的种类、性能、规格和基本用法？<br>2. 是否了解龙骨材料的选购要点？ |

| 岗课赛证 | |
|---|---|
| 扫描二维码进行本任务岗课赛证融通习题的答题，或进入网络平台获取更丰富的学习内容 | <br>岗课赛证习题 |

| 评价反馈 | | |
|---|---|---|
| 学生<br>自评 | 1. 是否掌握装饰骨架材料常见种类、性能和规格？□是　□否 | |
| | 2. 是否了解装饰骨架材料的选购要点？□是　□否 | |
| | | 学生签名：　　　　评价日期： |
| 教师<br>评价 | 教师评价意见： | |
| | | 教师签名：　　　　评价日期： |
| 学习<br>心得 | | |

| 能力拓展 |
|---|
| 通过互联网、现场实拍等方式，找到装饰骨架材料的更多资料，并以小组为单位制作汇报 PPT |

# 任务 5　常见吊顶类型及材料

| 任务目标 | |
|---|---|
| 应知理论 | 了解吊顶的基础知识，掌握常见的吊顶类型及相关材料的种类、性能和规格 |
| 应会技能 | 具备掌握根据实际情况选用合适的吊顶类型和相关材料的能力 |
| 应修素养 | 把握细节：在商业竞争中，细节决定成败；在职业生涯中，细节决定能走多远、站多高 |
| 任务分析 | |
| 任务描述 | 　了解吊顶的概念，学习掌握吊顶的常见种类、基本性能、主要规格和具体应用，了解使用吊顶的注意要点 |

| 任务重点 | 纸面石膏板吊顶 |
|---|---|
| 任务难点 | 矿棉板吊顶 |
| **任务计划** | |
| 任务点 | 5.1　天花的不同处理方式 |
| | 5.2　吊顶的基本结构 |
| | 5.3　吊顶主要类型及应用 |
| | 5.4　吊顶材料选购要点 |
| **任务实施** | |
| 实施步骤 | 发布任务（明确任务目标）—任务分析—任务计划—任务实施—质量检查—评价反馈—能力拓展 |
| 实施要点 | 在学习任务中做好任务分析、观察思考、小组讨论、小组代表发言、知识拓展、课后练习、自我评价、教师评价等环节 |
| 实施建议 | 详见手册使用总览：要求与建议 |

| | | |
|---|---|---|
| 课件：常见吊顶类型结材料 | 微课：常见吊顶类型结材料 | 常见吊顶类型结材料全部插图 |

## 5.1　天花的不同处理方式

　　天花（或称顶棚）可以直接做表面处理，也可以根据需要进行吊顶装饰。吊顶的目的：一是遮挡天花上的管道、线路等杂乱物；二是形成装饰效果。

　　建筑室内天花上主要有给水排水管道、中央空调管道、通风管道、线路管道、消防设施等。具体包括灯具、电扇、中央空调出风口、进风口、排风扇、排水管道组合、消防喷淋、烟雾探测警报器、音响等电器设备和线路、检修口等（图4-38）。

**图4-38　天花顶部可能有各种管道线路设备**

不同天花的处理方式见表4-8。

表 4-8　不同的天花处理方式

| 不吊顶 | |
| --- | --- |
| （1）概念 | 1）不做吊顶通常就是直接进行表面处理，如做油漆工程，家装一般是做白色乳胶漆（即原顶扫白）；工装中一般会喷涂成黑色或灰色，因为工装空间顶部往往有大量的管道设备，不做吊顶就没有办法进行隐藏，在视觉上就会显得杂乱压抑；而如果把顶部从墙面到管道设备全部刷成一种颜色，就可以起到视觉整理的效果。<br>2）如果是工业风格的装修，甚至可以对天花不做任何处理，直接保留灰色毛坯墙面，这种情况下管道材料的选择就比较重要，因为管道设备本身是风格呈现的一部分，需要与灯具和相关装饰一起进行整体选择和搭配。<br>3）还有一种情况是虽然不做吊顶，但是建筑楼板不够水平，为了做平会通过铺贴基层板并控制与原顶面的间距来进行调整，通常不会太厚，也属于不吊顶的范畴 |
| （2）适用情况 | 1）层高偏低；<br>2）层高正常但横向空间开阔（如展览馆、超市、餐厅等）；<br>3）配合整体装修风格（如简约风、工业风等） |
| （3）具体做法 | 原顶连同设备一起扫成统一颜色，如黑色、灰色或白色等（图4-39）<br><br><br><br>图 4-39　不吊顶的做法 |
| 半开放式吊顶 | |
| （1）概念 | 通透式的吊顶，既有吊顶的造型，又可以在顶部空间保留一定的视觉贯通感（图4-40）<br><br><br><br>图 4-40　半开放式吊顶的做法 |
| （2）适用情况 | 1）尽可能保留层高的同时，又有一定的天花造型；<br>2）在视觉上形成空间限定；<br>3）配合整体装修风格 |
| （3）具体做法 | 常见的半开放式吊顶类型有格栅式吊顶（有木质或金属等材料）、铝方通吊顶，以及一些软质和异性吊顶（如布艺吊顶等） |

| 封闭式吊顶 | |
|---|---|
| （1）概念 | 完全封闭的吊顶，相当于把顶部降低了（图4-41）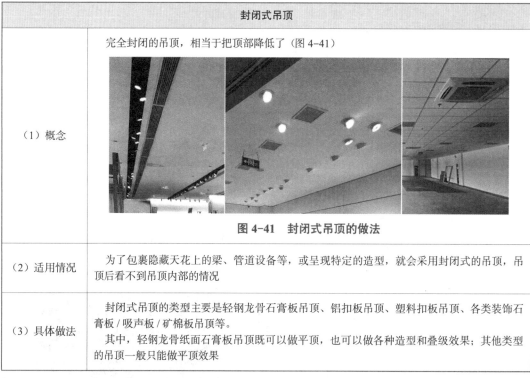<br>图 4-41　封闭式吊顶的做法 |
| （2）适用情况 | 为了包裹隐藏天花上的梁、管道设备等，或呈现特定的造型，就会采用封闭式的吊顶，吊顶后看不到吊顶内部的情况 |
| （3）具体做法 | 封闭式吊顶的类型主要是轻钢龙骨石膏板吊顶、铝扣板吊顶、塑料扣板吊顶、各类装饰石膏板／吸声板／矿棉板吊顶等。<br>其中，轻钢龙骨纸面石膏板吊顶既可以做平顶，也可以做各种造型和叠级效果；其他类型的吊顶一般只能做平顶效果 |

# ■ 5.2　吊顶的基本结构

拓展学习：吊顶的基本结构

吊顶的基本结构包括吊点、吊筋、龙骨构架和罩面材料（表4-9）。扫描二维码查看表4-9的完整版。

表 4-9　吊顶构造（简）

| 吊点 |
|---|
| 吊点是指置于原建筑楼板结构的预埋件，起到承受吊顶结构材料自身质量及荷载（如上人维修、大型灯具或饰物等）的作用。类型包括预埋钢筋和金属膨胀螺栓（图4-42）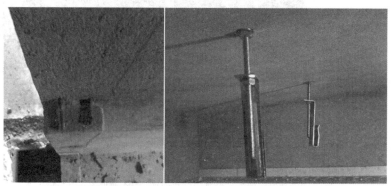<br>图 4-42　吊点（预埋钢筋、膨胀螺栓） |

| 吊筋 |
| --- |
| 　　吊筋，也称吊杆，是指吊点和龙骨构架之间的连接体，承载着吊顶龙骨结构和饰面板的质量。根据使用功能、结构材料的不同，吊筋的选择也不同（图 4-43），包括钢筋、镀锌钢丝、木方等<br>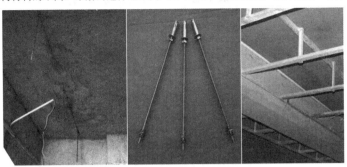<br>图 4-43　吊筋（轻钢龙骨、木方） |
| 龙骨构架 |
| 　　由龙骨构成的骨架结构，被吊筋吊住，并用于固定饰面板，龙骨材料包括木龙骨（木方）和金属龙骨（包括轻钢龙骨、铝合金龙骨、不锈钢龙骨、金属格栅等），龙骨间距根据具体工程情况确定（图 4-44）<br><br>图 4-44　龙骨构架（轻钢龙骨、木龙骨） |
| 罩面材料 |
| 　　吊顶光有骨架还不够，还需要用板材包裹封闭（栅格吊顶除外）。根据使用性质和设计要求及龙骨种类的不同，罩面材料包括各种纸面石膏板、木质人造板材、各类吸引板、塑料扣板和铝扣板等（图 4-45）<br>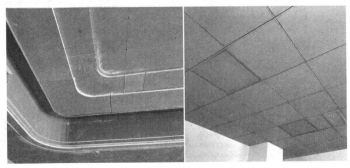<br>图 4-45　罩面材料（纸面石膏板、硅钙板） |

## ■ 5.3 吊顶主要类型及应用

吊顶主要类型及应用见表 4-10。

表 4-10 吊顶主要类型及应用

| 轻钢龙骨纸面石膏板吊顶 | | |
|---|---|---|
| （1）概念 | | 通过轻钢龙骨、木结构和纸面石膏板的组合，可以做各种造型和跌级（叠级）效果，是用途广泛的吊顶类型 |
| （2）结构 | 1）吊点 | 通常是 φ8 膨胀螺栓 |
| | 2）吊杆 | 轻钢吊杆（也称吊丝） |
| | 3）轻钢龙骨 | 一般使用 D50 型上人吊顶龙骨（吊点间距为 900～1 200 mm），包括 V50 卡式主龙骨＋U50 副龙骨，龙骨厚度通常为 0.6 mm |
| | | 也有 D38 型和 D45 型（吊点间距为 900～1 200 mm）等不上人吊顶龙骨和 D60 型（吊点间距为 15 000 mm）上人吊顶龙骨 |
| | 4）结构造型 | 吊顶中有造型的地方，会使用到 3 厘板（用于制作曲面）、5 厘板、9 厘板等胶合板和 15 厘大芯板等木工基层板。较厚的木工板材也可以做曲面造型，需要在背面预先搂缝 |
| | 5）封面板材 | 现在一般使用纸面石膏板，使用一层或两层。即使是有木工板做造型的地方，也要再覆盖石膏板（防潮、防火） |
| | 6）饰面 | 纸面石膏板表面一般要做乳胶漆饰面。刷乳胶漆之前，要用防锈漆涂刷螺丝钉、用接缝带粘贴板材缝隙，并做好阴阳角条，然后再刷腻子，最后做乳胶漆 |
| （3）特点 | | 轻钢龙骨纸面石膏板吊顶可以做平顶，也可以做各种方、圆造型、叠级和暗藏灯槽效果，可以配合各种灯具使用，是变化最丰富、效果最多样的吊顶类型（图 4-46）<br><br><p style="text-align:center">图 4-46 轻钢龙骨纸面石膏板吊顶</p> |

| 装饰石膏板 / 吸声石膏板 / 矿棉板 / 硅钙板吊顶 | | |
|---|---|---|
| （1）概念 | 方形成品块材吊顶，通常只能吊平顶，但是可以集成灯槽进行灯具安装使用 | |
| （2）结构 | 1）吊点 | 通常是 $\phi8$ 膨胀螺栓 |
| | 2）吊杆 | 轻钢吊杆（也称"吊丝"） |
| | 3）烤漆龙骨 | 一般使用 T 形明装式烤漆龙骨（可以是轻钢或铝合金材质），分为 32 型、38 型等型号；明装指的是完工后能够看到龙骨 |
| | | 构件包括吊件、挂件、承载龙骨、主龙骨、次龙骨、边龙骨等 |
| | | 造型上分为平面 T 形龙骨、圆凹槽 T 形龙骨、方凹槽 T 形龙骨等类型；凹槽颜色可定制 |
| | 4）封面板材 | 装饰石膏板、吸声石膏板、硅钙板、矿棉板等（图 4-47）。常见尺寸一般都是 600 mm×600 mm，也有 300 mm×300 mm、300 mm×600 mm、600 mm×1 200 mm 等特殊尺寸 装饰石膏板　　吸声石膏板　　硅钙板　　矿棉板 图 4-47　不同的吊平顶封面材料 |
| （3）特点 | 一般只能吊平顶，但是可以集成格栅灯槽、空调天花机等设备；效果稳重，较为单调；一般用于办公、医院等强调功能性和较为严肃的场合（图 4-48） 图 4-48　吊平顶效果 | |
| 铝扣板吊顶 | | |
| （1）概念 | 铝制板材采用扣入方式安装于金属龙骨内，完工后龙骨不可见，适合用于潮湿、油烟的环境（图 4-49） 图 4-49　铝扣板吊顶 | |

| | | | |
|---|---|---|---|
| （2）结构 | 1）吊点 | 通常是 $\phi6$ 膨胀螺栓 | |
| | 2）吊杆 | $\phi6$ 轻钢吊杆（也称"吊丝"） | |
| | 3）金属龙骨 | 材质可以是铝合金或轻钢龙骨 | |
| | | 构件包含主龙大吊、三角龙骨挂片、90面三角龙骨、38主龙骨、L形边龙骨等 | |
| | 4）封面板材 | ①铝扣板，质量轻、强度高、耐潮湿、耐油污、方便清洁保养；板材可以直接扣进三角龙骨中。<br>②尺寸一般是 300 mm×300 mm，也有 300 mm×600 mm 或更大尺寸。<br>③厚度有 0.6 mm、0.7 mm、0.8 mm、0.9 mm、1.0 mm 等，其中 0.8 mm 和 0.9 mm 比较常用 | |
| （3）特点 | 适用于厨房、卫生间等空间 | | |

| PVC 扣板吊顶 | | | |
|---|---|---|---|
| （1）概念 | 较为传统、价格较低的吊顶（图 4-50）<br><br>图 4-50　PVC 塑料扣板吊顶 | | |
| （2）结构 | 1）吊点 | 木龙骨固定 | |
| | 2）吊杆 | 木龙骨做吊杆 | |
| | 3）木龙骨 | 使用木龙骨搭建格栅型龙骨架；要涂刷防火漆 | |
| | 4）封面板材 | PVC 塑料扣板，宽度为 200 mm 或 250 mm，长度为 3 m、3.5 m 或 4 m | |
| （3）特点 | 从木龙骨到 PVC 扣板都属于价格较低的低档材料，防火性差，耐久性差，一般用于低档的厨卫装修 | | |

| 铝方通吊顶 | | | |
|---|---|---|---|
| （1）概念 | 铝制方管扣在烤漆金属龙骨上，属于半开放式吊顶，在视觉效果上有线条感和延伸感，很适合各类公共空间 | | |
| （2）结构 | 1）吊点 | 通常是 $\phi8$ 膨胀螺栓 | |
| | 2）吊杆 | $\phi8$ 轻钢吊杆（也称"吊丝"） | |
| | 3）烤漆龙骨 | 一般使用 V 形卡式明装烤漆龙骨（可以是轻钢或铝合金材质） | |
| | 4）结构造型 | 由于是半开放式吊顶，因此不需要用板材进行封面，而是用铝制方通管直接隔一定间距扣在龙骨上。<br>可以在铝方通的间隔之中嵌入专用灯具进行照明 | |

| | | |
|---|---|---|
| （3）特点 | 既有一定的造型，又有通透的视觉效果（图 4-51）  图 4-51　铝方通吊顶 | |
| **其他吊顶** | | |
| （1）格栅吊顶 | 也称为葡萄架式吊顶，是采用铝（钢）或 PVC 材质或木质格栅制作格子拼合状的天花，具有安装简单且价格低的特点，多用于商业空间的过道或开放式办公室等空间，给人很现代的感觉 [图 4-52（a）] | |
| （2）软膜天花 | 软膜天花又被称为柔性天花、拉展天花、拉膜天花与拉蓬天花等，是采用特殊的聚氯乙烯材料制成的，以设计成各种平面和立体形状，颜色也非常丰富。材质厚度大约为 0.18 mm，其防火级别为国家 $B_1$ 级 [图 4-52（b）] | |

（a）　　　　　　　　　　　　　　　（b）

图 4-52　葡萄架式吊顶和软膜天花

（a）葡萄架式吊顶；（b）软膜天花

## ■ 5.4　吊顶材料选购要点

扫描二维码学习铝扣板、矿棉板等产品的选购要点。

拓展学习：吊顶
材料选购要点

🔊 **成长小贴士 4-5**

### 做好每一个细节

在吊顶结构中，有一个细节是在基层板转角处做加固处理，看似是小细节显得无关紧要，但实际上在防止开裂、提高吊顶耐久度上有很大的作用，对整体工程质量意义很大。因此，越是关注细节、做好细节，越能体现从业者的职业素养。

★ **素养闪光点**：在商业竞争中，细节决定成败；在职业生涯中，细节决定我们能走多远、站多高。

| 质量检查 | |
|---|---|
| **思考与练习** | |
| 1. 是否了解和掌握常见吊顶的类型、性能、规格和基本用法？<br>2. 是否了解吊顶材料的选购要点？ | |
| **岗课赛证** | |
| 扫描二维码进行本任务岗课赛证融通习题的答题，或进入网络平台获取更丰富的学习内容 | <br>岗课赛证习题 |

| | 评价反馈 | |
|---|---|---|
| 学生自评 | 1. 是否掌握吊顶的常见种类、性能和规格？□是　□否 | |
| | 2. 是否了解吊顶材料的选购要点？□是　□否 | |
| | 学生签名：　　　　　　评价日期： | |
| 教师评价 | 教师评价意见： | |
| | 教师签名：　　　　　　评价日期： | |
| 学习心得 | | |

| 能力拓展 |
|---|
| 通过互联网、现场实拍等方式，找到不同吊顶类型的更多资料，并以小组为单位制作汇报 PPT |

# 任务 6 装饰线条

| 任务目标 | |
|---|---|
| 应知理论 | 了解装饰线条的基础知识，掌握线条类材料的种类、性能和规格 |
| 应会技能 | 掌握根据实际情况选用合适的装饰线条类材料的能力 |
| 应修素养 | 具有创新意识，理解室内装饰风格的演变常常来自材料的创新 |
| **任务分析** | |
| 任务描述 | 了解装饰线条的概念，学习掌握装饰线条的常见种类、基本性能、主要规格和具体应用，了解使用装饰线条的注意要点 |
| 任务重点 | 金属线条 |
| 任务难点 | 木线条、石膏线条 |
| **任务计划** | |
| 任务点 | 6.1　不同位置的装饰线条 |
| | 6.2　装饰线条材质类型及应用 |
| | 6.3　装饰线条选购要点 |
| **任务实施** | |
| 实施步骤 | 发布任务（明确任务目标）—任务分析—任务计划—任务实施—质量检查—评价反馈—能力拓展 |
| 实施要点 | 在学习任务中做好任务分析、观察思考、小组讨论、小组代表发言、知识拓展、课后练习、自我评价、教师评价等环节 |
| 实施建议 | 详见手册使用总览：要求与建议 |

课件：装饰线条　　微课：装饰线条　　装饰线条全部插图

## 6.1 不同位置的装饰线条

装饰线条指的是凸出或镶嵌在墙体上的线条，起到营造风格、配合造型、丰富视觉的作用，在室内空间中的不同位置都有相应的装饰线条（图4-53、表4-11）。

图 4-53　不同位置的装饰线条

（a）天花装饰线条；（b）挂镜线；（c）腰线；（d）踢脚线；（e）地面波打线；（f）墙板配套线条

表 4-11　不同位置的装饰线条

| 序号 | 名称 | 说明 |
| --- | --- | --- |
| 1 | 天花装饰线条 | 位于天花部位，分为阴角线和平线等，可以与吊顶造型相配合，也可以直接粘贴于原定的平面和阴角处 |
| 2 | 挂镜线 | 现在一般设置在吊顶以下 10 ～ 20 cm 的墙面上，或者就直接是天花与墙面的阴角线。挂镜线既起到装饰作用，也可以起到材质或颜色分隔作用，平衡视觉 |
| 3 | 腰线 | 墙面齐腰的位置，一般在离地面 80 ～ 120 cm 处，以 90 cm 居多。现在腰线一般与护墙板配套使用，或用于厨卫墙面瓷砖中。也是起到视觉分隔或材质分隔的作用 |
| 4 | 踢脚线 | 踢脚线可以起到平衡视觉和保护墙面的作用。具体做法和材质请参看本教材项目 3 任务 6 |
| 5 | 地面波打线 | 又称波导线，也称为花边或边线等，主要用在瓷砖或石材地面周边或过道玄关等地方 |
| 6 | 墙板配套线条 | 配套集成墙板的各类线条，主要是墙面的各类线条，包括挂镜线、边框线、腰线、踢脚线等，材质包括实木、密度板、竹木纤维板、石膏、金属、石材等 |

## ■ 6.2　装饰线条材质类型及应用

装饰线条有不同的材质类型，可以搭配各种风格（图 4-54、表 4-12）。

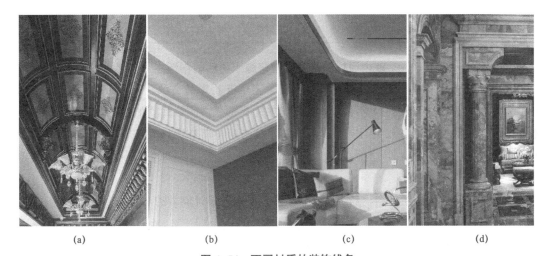

(a)　　　　　　　　　　(b)　　　　　　　　　　(c)　　　　　　　　　　(d)

**图 4-54　不同材质的装饰线条**

（a）木线条；（b）石膏线条；（c）金属线条；（d）石材线条

**表 4-12　不同材质的装饰线条**

| 序号 | 名称 | 说明 |
|---|---|---|
| 1 | 木线条 | 可用作各种门套及家具的收边线，也可以作为各类墙面装饰造型线。从功能上分有压边线、柱角线、压角线、阴角线、腰线、边框线等，长度一般为 2.5 m 或 4 m 等，宽度有 2.2 cm、3 cm、3.5 cm、6 cm、8 cm 等，此外还有木贴花、角花、花格、花片、对角摆件等装饰构件，风格有欧式、现代式（较为简约）等；从外形上分有平线、半圆线、直角线、斜角线、指甲线等。<br>木线条分为实木材质（清油或混油）和价格较低的密度板和竹木纤维板材质 |
| 2 | 石膏线条 | 石膏线条价格低，同时具有防火、施工方便等优点，装饰效果也非常不错。在装修中多用于一些欧式、美式风格中，可以作为天花角线，也可以作为腰线使用，还可以作为各类柱式和欧式墙壁的装饰线。<br>石膏线的生产工艺简单，比较容易做出各种复杂的纹样 |
| 3 | 金属线条 | 近年来，金属线条的使用越来越多，特别适合搭配和营造新中式和轻奢等风格，主要是铝合金材、铜合金或不锈钢材质，有黑钛、玫瑰金等不同颜色，除与木线条和石膏线条一致的装饰用途外，金属线条还可以用于装饰板材收口、阴阳角收口等各类装饰构造压边和收口，适用场景多样，功能丰富。<br>金属材质具有质轻、耐腐蚀、耐磨、耐久度高等优点，并且有着不可代替的现代时尚的装饰效果 |
| 4 | 石材线条 | 搭配石材使用，主要用于墙柱面装饰、边框线、门套线、腰线和踢脚线等，材质高档，风格大气 |

## ■ 6.3　装饰线条选购要点

扫描二维码学习木线条、石膏线条、金属线条、石材线条等产品的选购要点。

拓展学习：装饰
线条选购要点

### 室内风格的演变常常来源于材料的创新

室内设计风格的演变、流行的更替，往往都离不开技术的突破、工艺的进步和材料的更新。不要把室内设计当成是纯艺术，单纯强调理念和感觉（事实上，即使是纯艺术，如油画、雕塑等，其风格演变也与相关材料的发展和艺术技巧的变革有密切关系），要认识到其中艺术与技术的紧密联系。

★ **素养闪光点**：把握新材料、新工艺、新技术，是提升设计能力的法宝。

| 质量检查 | | |
|---|---|---|
| **思考与练习** | | |
| 1. 是否了解和掌握常见装饰线条的类型、性能、规格和基本用法？<br>2. 是否了解装饰线条的选购要点？ | | |
| **岗课赛证** | | |
| 扫描二维码进行本任务岗课赛证融通习题的答题，或进入网络平台获取更丰富的学习内容 | | <br>岗课赛证习题 |
| **评价反馈** | | |
| 学生自评 | 1. 是否掌握装饰线条的常见种类、性能和规格？□是　□否 | |
| | 2. 是否了解装饰线条的选购要点？□是　□否 | |
| | 学生签名：　　　　　　评价日期： | |
| 教师评价 | 教师评价意见： | |
| | 教师签名：　　　　　　评价日期： | |
| 学习心得 | | |
| **能力拓展** | | |
| 通过互联网、现场实拍等方式，找到不同装饰线条的更多资料，并以小组为单位制作汇报 PPT | | |

# 任务 7　软包与硬包

| 任务目标 | |
| --- | --- |
| 应知理论 | 了解软包与硬包的基础知识，掌握软包与硬包的做法与用法 |
| 应会技能 | 掌握根据实际情况选用合适的软包与硬包的能力 |
| 应修素养 | 不断提升对材料和工艺的掌握，是成为优秀室内设计师的必经之路 |
| **任务分析** | |
| 任务描述 | 了解软包与硬包的概念，学习掌握软包与硬包的常见种类、基本性能、主要规格和具体应用，了解使用软包与硬包的注意要点 |
| 任务重点 | 软包与硬包的应用 |
| 任务难点 | 软包与硬包的做法 |
| **任务计划** | |
| 任务点 | 7.1　软包与硬包的概念和做法 |
| | 7.2　软包与硬包的选购要点 |
| **任务实施** | |
| 实施步骤 | 发布任务（明确任务目标）—任务分析—任务计划—任务实施—质量检查—评价反馈—能力拓展 |
| 实施要点 | 在学习任务中做好任务分析、观察思考、小组讨论、小组代表发言、知识拓展、课后练习、自我评价、教师评价等环节 |
| 实施建议 | 详见手册使用总览：要求与建议 |

课件：软包与
硬包　　　　微课：软包与
硬包　　　　软包与硬包全
部插图

## ■ 7.1　软包与硬包的概念和做法

　　软包和硬包都是指室内墙表面的装饰方法，做法和用法类似，区别在于一种是软质，一种是硬质，一般用于室内背景墙的制作，家装和工装都适用。软包与硬包的概念和做法见表4-13。

表 4-13　软包与硬包的概念和做法

| 序号 | 名称 | 说明 | | |
|------|------|------|------|------|
| | | 软包 | | 硬包 |
| 1 | 概念 | 运用在室内墙表面，用柔性材料加以包装成块状，拼贴组合的墙面装饰方法（图 4-55）<br><br><br>图 4-55　软包<br><br><br>图 4-56　硬包 | | 做法与软包类似，但是少了软性填充物，呈硬质质感，因此称为硬包（图 4-56） |
| 2 | 用途 | 家装（一般是卧室）或工装（如宾馆、会所、KTV、会议室等）的背景墙，呈现块状、柔软质感，可以根据整体风格来配套适合的扪面材料 | | 家装中运用较少，工装中用于各类空间的背景墙制作，呈现块状、硬质质感（相比软包少了软性填充物） |
| 3 | 结构 | 无论是软包还是硬包，首先墙面要做处理，一般是木工板打底，形成一个平面基底或基础造型；如果墙面很不平整的话，也可以先做龙骨骨架（一般是木龙骨，如果消防要求特别高也可以考虑使用轻钢龙骨），但是骨架上也要覆盖基层板，形成平整的基底 | | |
| | | 底板 | 根据尺寸裁切好木工板底板，一般是 9 厘或 12 厘夹板，也可以用欧松板等，但是密度板性能较差，要谨慎使用，也较少用大芯板；底板一定要涂刷防火漆 | 结构做法与软包相似，区别在于：没有软性填充物，直接将扪面材料覆盖在底板上；底板要进行一定的倒角处理，做成 45° 斜边，才能在硬包上形成 V 形槽造型（图 4-57） |
| | | 软性材料 | 在底板上粘贴软性填充物，一般是 2～3 cm 厚的高密度海绵（聚氨酯泡沫材料）；海绵的规格是"号"，如 35 号海绵，表示 1 立方米海绵有 35 kg | |
| | | 扪面材料 | 再用布或皮革（人造革或真皮）等材料覆盖在软性填充物上，四周扯至底板背面，用码钉固定，完成一块软包的制作 | |
| | | 按设计尺寸制作多块软包或硬包后，通过结构胶粘贴固定在基层板上；也可以在背面打胶后挤入预先做好的基层板框架内 | | |

| 序号 | 名称 | 说明 | |
|---|---|---|---|
| | | 软包 | 硬包 |
| 3 | 结构 | 软包=底板+海绵+扣面　　硬包=底板+扣面<br>扣面 海绵 底板／扣面 底板<br>图 4-57　软包与硬包的结构示意 | |
| 4 | 特点 | 柔软质感，舒适温和；并且可以吸声、隔声、消震、防撞 | 与软包一样，可以在墙面形成一定的块面感，具有较好的装饰性 |
| 5 | 使用要点 | 要高度重视软包材料中高密度海绵的消防隐患问题 | 由于缺乏软性材料的填充和缓冲，硬包表面材料容易破损，要注意保护 |

## ■ 7.2　软包与硬包的选购要点

扫描二维码学习软包和硬包产品的选购要点。其中尤其要重视软包中高密度海绵材料的消防安全问题。

拓展学习：软包与硬包的选购要点

### ◀)) 成长小贴士 4-7

**除了好看，关注更多**

室内空间从毛坯房到装修落地交付使用，需要两个阶段，一是设计；二是施工。因此，一定要牢记，在做室内设计方案的时候，绝不能仅仅关注"好不好看"，也要充分考虑"能不能做""该怎么做"和"好不好用"等问题。举例如下：

（1）软包和硬包的底板用到 9 厘板或 12 厘板等夹板比较多，那么底板的尺寸是随意的吗？肯定不是，而是需要结合板材的基本尺寸 1 220 mm×2 440 mm 进行考虑，在这样尺寸的板材内如何设计底板尺寸，既满足墙面造型的需要，又能够最大化地节约原材料。

（2）软包内的软性填充物用海绵是很合适的，施工方便、吸声消震，效果最佳。但是，海绵恰恰很不符合消防要求，2009 年多部门就联合出台了《关于印发〈开展公众聚集场所易燃可燃装修材料消防安全专项整治工作方案〉的通知》，加强了公众聚集场所易燃可燃装修材料的消防安全整治工作，不少酒店和娱乐场所存在的大量海绵软包装饰被要求限期拆除。因此，岩棉软包、皮雕软包应运而生。

★ 素养闪光点：不断提升对材料和工艺的掌握，是成为优秀室内设计师的必经之路。

| 质量检查 |
|---|
| **思考与练习** |
| 1. 是否了解和掌握软包与硬包的类型、性能、规格和基本用法？<br>2. 是否了解软包与硬包的选购要点？ |
| **岗课赛证** |

| | |
|---|---|
| 　　扫描二维码进行本任务岗课赛证融通习题的答题，或进入网络平台获取更丰富的学习内容 | <br>岗课赛证习题 |

| 评价反馈 | | |
|---|---|---|
| 学生<br>自评 | 1. 是否掌握软包和硬包的常见种类、性能和规格？□是　□否 | |
| | 2. 是否了解软包和硬包的选购要点？□是　□否 | |
| | | 学生签名：　　　　　评价日期： |
| 教师<br>评价 | 教师评价意见： | |
| | | 教师签名：　　　　　评价日期： |
| 学习<br>心得 | | |

| 能力拓展 |
|---|
| 通过互联网、现场实拍等方式，找到软包与硬包的更多资料，并以小组为单位制作汇报 PPT |

# 任务 8　装饰玻璃

| 任务目标 | |
|---|---|
| 应知理论 | 了解装饰玻璃的基础知识，掌握装饰玻璃的做法与用法 |
| 应会技能 | 掌握根据实际情况选用合适的装饰玻璃的能力 |
| 应修素养 | 辩证地看待事物的发展，不断改掉缺点、推动科学进步 |
| **任务分析** | |
| 任务描述 | 　　了解装饰玻璃的概念，学习掌握装饰玻璃的常见种类、基本性能、主要规格和具体应用，了解使用装饰玻璃的注意要点 |

| 任务重点 | 安全玻璃 |
|---|---|
| 任务难点 | 热熔玻璃等 |
| **任务计划** | |
| 任务点 | 8.1 普通玻璃 |
| | 8.2 安全玻璃 |
| | 8.3 其他玻璃 |
| | 8.4 装饰玻璃选购要点 |
| **任务实施** | |
| 实施步骤 | 发布任务（明确任务目标）—任务分析—任务计划—任务实施—质量检查—评价反馈—能力拓展 |
| 实施要点 | 在学习任务中做好任务分析、观察思考、小组讨论、小组代表发言、知识拓展、课后练习、自我评价、教师评价等环节 |
| 实施建议 | 详见手册使用总览：要求与建议 |

课件：装饰玻璃　　微课：装饰玻璃　　装饰玻璃全部插图

玻璃是无机非金属材料，一般是用多种无机矿物（如石英砂、硼砂、硼酸、重晶石、碳酸钡、石灰石、长石、纯碱等）为主要原料，加入少量辅助原料制成的。其主要成分为二氧化硅和其他氧化物。玻璃很早就被人类所认识、制作和应用，主要的特点是透明、透光、晶莹剔透，有着很好的实用和装饰功能。其缺点是脆弱易碎，经过改进也诞生了安全玻璃的不同品种；同时，工艺和做法的不断改进也出现了更多的玻璃类型。

玻璃大体可分为普通玻璃和深加工玻璃，深加工玻璃又可分为主打安全性能（针对玻璃脆弱易碎问题进行改进）的安全玻璃及其他类型的玻璃。

# 8.1 普通玻璃

普通玻璃主要是指普通透明平板玻璃，有不同的工艺类型；而磨砂玻璃、彩色玻璃、压花玻璃准确来说属于深加工玻璃，但是由于其工艺成熟、加工难度低、使用广泛，在日常生活中大量运用，在本教材中也归为"普通玻璃"类来学习（表4-14）。

表 4-14 普通玻璃类

| 透明平板玻璃 |||
| --- | --- | --- |
| （1）概念 | 透明平板玻璃是最常见的传统玻璃品种，也称"白玻"或"清玻"；平整、光亮，透光、透视，挡风，有一定的保温作用（但是不多），主要用于门窗、相框等（图 4-58）<br><br>（a）　　　　　　　　　　（b）　　　　　　　　　　（c）<br>图 4-58　透明平板玻璃<br>（a）普通透明玻璃；（b）浮法玻璃；（c）超白玻璃 |||
| （2）工艺分类 | 1）普通工艺 | 包括引上法平板玻璃（分有槽 / 无槽两种）、平拉法平板玻璃等工艺类型，是传统玻璃工艺 |
| | 2）浮法玻璃 | 在锡槽里浮在锡液的表面上制作。平度好，成品利用率高，是普通平板玻璃在工艺上的升级，是主流玻璃产品 |
| | 3）超白玻璃 | 低铁，杂质也较少，因此具有大于 91% 的可见光透过率 |
| （3）规格 | 玻璃的规格一般是指玻璃的厚度，单位为"厘"即毫米（mm）。下面介绍一下各类玻璃厚度的适用场合，包括即将学习到的钢化玻璃等品种：<br>　3～4 厘玻璃，指厚度 3～4 mm 的玻璃，主要用于画框表面；<br>　5～6 厘玻璃，指厚度 5～6 mm 的玻璃，主要用于外墙窗户、门扇等小面积透光造型；<br>　7～9 厘玻璃，指厚度 7～9 mm 的玻璃，主要用于室内屏风等较大面积但又有框架保护的造型之中；<br>　9～10 厘玻璃，指厚度 9～10 mm 的玻璃，可用于室内大面积隔断、栏杆等装修项目；<br>　11～12 厘玻璃，指厚度 11～12 mm 的玻璃，可用于地弹簧玻璃门和一些活动人流较大的隔断；<br>　15 厘以上玻璃，指厚度 15 mm 以上的玻璃，一般市面上销售较少，往往需要订货，主要用于较大面积的地弹簧玻璃门和外墙整块玻璃墙面 |||
| 彩色玻璃 |||
| 概念 | 彩色玻璃就是在玻璃原料中按需要加入一定金属氧化剂，从而使玻璃产品形成不同颜色（图 4-59）<br><br>图 4-59　彩色玻璃 |||

| | | |
|---|---|---|
| **磨砂玻璃** | | |
| （1）概念 | 磨砂玻璃又称毛玻璃，表面粗糙，具有透光不透视的特性，光线会有所减弱并更为柔和，适用于需要注重隐私的场所（图4-60） <br><br>图4-60　磨砂玻璃及磨砂玻璃纸 | |
| （2）工艺分类 | 1）磨砂玻璃 | 机器磨砂、氢氟酸溶蚀或是手工研磨等方法处理而成 |
| | 2）喷砂玻璃 | 性能上基本与磨砂玻璃相似，不同的是改磨砂为喷砂，将细砂喷至平板玻璃上研磨而成 |
| | 3）玻璃纸 | 也可以在清玻上贴磨砂玻璃纸来达到磨砂玻璃的效果 |
| （3）规格 | 一般厚度多在9厘以下，以5、6厘厚度居多 | |
| **裂纹玻璃** | | |
| （1）概念 | 通过开裂使玻璃产生透光不透视的效果，并且产生较好的装饰性，可以用于玻璃隔断等构造（图4-61） 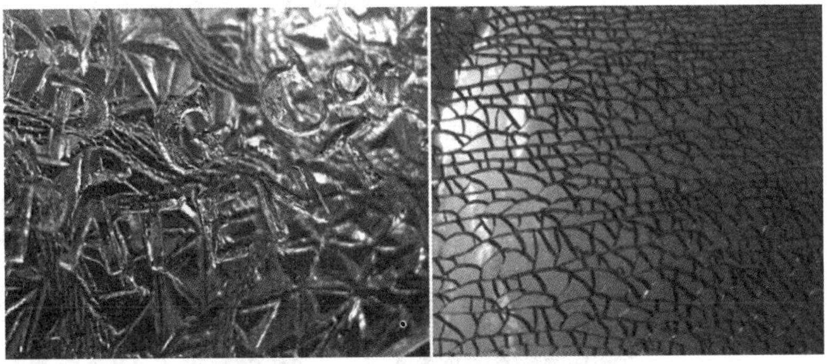<br><br>图4-61　冰花玻璃和钢化玻璃裂纹 | |
| （2）工艺分类 | 1）冰花玻璃 | 是在喷砂玻璃上涂抹附着力很强的胶水，胶水在干燥的过程中强烈收缩，使玻璃表面发生撕裂 |
| | 2）钢化玻璃裂纹 | 是对钢化玻璃进行侧面敲击，使其内部产生均匀裂纹而形成 |

| | 压花玻璃 / 长虹玻璃 | |
|---|---|---|
| （1）概念 | 又称花纹玻璃或滚花玻璃。此外也有其他类似的品种，功能上与磨砂玻璃一致，用于强调私密性的场合，且更具有装饰性（图 4-62）<br><br>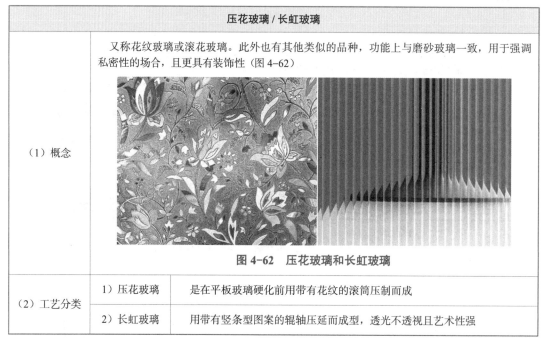<br>图 4-62　压花玻璃和长虹玻璃 | |
| （2）工艺分类 | 1）压花玻璃 | 是在平板玻璃硬化前用带有花纹的滚筒压制而成 |
| | 2）长虹玻璃 | 用带有竖条型图案的辊轴压延而成型，透光不透视且艺术性强 |

## ■ 8.2　安全玻璃

玻璃优点很多，但是最大的缺点就是脆弱易碎，使用时容易发生危险，也限制了使用范围。因此，针对安全性的改进就诞生了多种安全玻璃品种（表 4-15）。

表 4-15　安全玻璃类

| | 钢化玻璃 |
|---|---|
| （1）概念 | 1）将普通玻璃加热到接近软化点的温度（600 ～ 650 ℃）时，以急剧风冷或用化学方法钢化二次处理而成，使强度比普通玻璃高 3 ～ 10 倍，抗冲击性和抗弯强度提高 5 倍以上，耐温差和耐候性也更强，可承受 300 ℃的温差变化。<br>2）钢化玻璃会在边角处印有钢化标志（图 4-63）<br><br>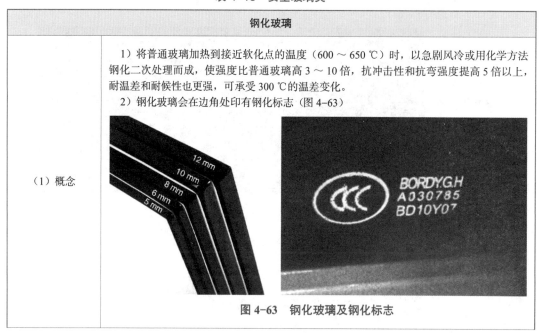<br>图 4-63　钢化玻璃及钢化标志 |

| | |
|---|---|
| （2）特点 | 1）优点：强度高，不易裂；就算受到强力冲击碎裂后，也会形成蜂窝状的钝角碎小颗粒，不易对人体造成严重的伤害（图4-64）。<br><br><br><br>图 4-64　钢化玻璃开裂及碎裂<br><br>2）缺点：钢化后不能再切割和加工，只能在钢化前就加工至需要的形状再进行钢化处理；钢化玻璃有自爆（自己破裂）的可能性；表面会存在凹凸不平的现象（风斑），有轻微厚度变薄 |
| （3）规格 | 1）钢化玻璃按形状分为平面钢化玻璃和曲面钢化玻璃。<br>2）一般平面钢化玻璃厚度有 8 mm、12 mm、15 mm、19 mm 等 12 种；曲面钢化玻璃厚度有 11 mm、15 mm、19 mm 等 8 种。<br>3）钢化玻璃按其平整度，可分为优等品、合格品 |
| （4）用途 | 钢化玻璃广泛应用于高层建筑门窗、玻璃幕墙、室内隔断玻璃、采光顶棚、观光电梯通道、家具、玻璃护栏等 |
| **夹丝玻璃** | |
| 概念 | 夹丝玻璃是采用压延方法，将金属丝或金属网嵌于玻璃板内制成的一种具有抗冲击平板玻璃，受撞击时只会形成辐射状裂纹而不至于坠下伤人，故多采用于高层楼宇和震荡性强的厂房。<br><br>夹丝玻璃中间的金属丝可以与报警系统相连，进一步增强安全性。此外，也可以连接加热系统，避免玻璃起雾（图4-65）<br><br><br><br>图 4-65　夹丝玻璃 |

| | 夹层玻璃 |
|---|---|
| 概念 | 　　夹层玻璃一般由两片普通平板玻璃（也可以是钢化玻璃或其他特殊玻璃）和玻璃之间的有机胶合层构成。当受到破坏时，碎片仍黏附在胶层上，避免了碎片飞溅对人体的伤害。<br>　　防弹玻璃就是夹层玻璃的一种，只是构成的玻璃多采用强度较高的钢化玻璃，而且夹层的数量也相对较多。其多用于银行、豪宅等对安全要求非常高的装修工程（图4-66）<br><br>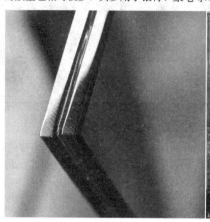<br>图4-66　夹层玻璃 |
| | 防火玻璃 |
| （1）概念 | 　　防火玻璃经过特殊工艺加工和处理，在规定的耐火试验中能保持其完整性和隔热性的特种玻璃（图4-67）<br><br><br>图4-67　防火玻璃 |
| （2）规格和分类 | 　　1）按产品种类分为3类：A类（同时满足耐火完整性、耐火隔热性要求的防火玻璃）、B类（同时满足耐火完整性、热辐射强度要求的防火玻璃）、C类（只满足耐火完整性要求的单片防火玻璃）。<br>　　2）按结构形式分为4类：防火夹层玻璃、薄涂型防火玻璃、单片防火玻璃和防火夹丝玻璃。其中，防火夹层玻璃按生产工艺特点又可分为复合防火玻璃和灌注防火玻璃。<br>　　3）按耐火性能分为3类：隔热型防火玻璃（A类）和非隔热型防火玻璃（C类）、部分隔热型防火玻璃（B类）。<br>　　4）按耐火极限可分为0.5 h、1.00 h、1.50 h、2.00 h、3.00 h五个等级 |

## 8.3 其他玻璃

除针对安全性的玻璃外，还有一些其他类型的玻璃（表4-16）。

表 4-16　其他玻璃类

| 中空玻璃 | |
| --- | --- |
| （1）概念 | 1）中空玻璃多采用胶接法将两块玻璃保持一定间隔，间隔中是干燥的空气，周边再用密封材料密封而成，其主要用于有隔声隔热要求的装修工程（如推拉门窗），是一种节能材料。<br>2）中空玻璃有两层和三层等类型，比较沉重（图4-68）<br>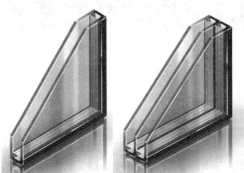<br>图 4-68　中空玻璃 |
| （2）规格 | 1）玻璃一般采用透明钢化玻璃，可以是6 mm、8 mm、10 mm、12 mm等厚度；中间间隔可以是9 mm、12 mm、15 mm、20 mm等。<br>2）如6＋9A＋6的中空玻璃就是指两层6 mm玻璃中间夹9 mm的间隔，总厚度21 mm |
| 热反射玻璃 | |
| 概念 | 1）热反射玻璃又称阳光控制镀膜玻璃，是一种对太阳光具有反射作用的镀膜玻璃，其膜色使玻璃呈现丰富的色彩。<br>2）热反射玻璃的原理是通过镀膜对太阳光产生一定的控制作用，可有效地反射太阳光线，使室内清凉舒适，是一种节能材料（图4-69）<br><br>图 4-69　热反射玻璃 |

| | 镭射玻璃 |
|---|---|
| 概念 | 镭射玻璃又称光栅玻璃，应用镭射全息膜技术，在玻璃或透明有机涤纶薄膜上涂敷一层感光层，在光源照射下，因衍射作用而产生色彩的变化（图4-70）<br><br>图4-70 镭射玻璃 |
| | 热熔玻璃 |
| 概念 | 热熔玻璃又称水晶立体艺术玻璃或熔模玻璃。属于玻璃热加工工艺，即把平板玻璃烧熔，凹陷入模成形，使平板玻璃加工出各种凹凸有致、颜色各异的艺术化玻璃（图4-71）。<br>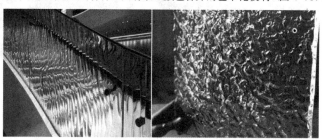<br>图4-71 热熔玻璃<br>热熔玻璃产品种类较多，在装修装饰方面目前有热熔玻璃砖、门窗用热熔玻璃、大型墙体嵌入玻璃、隔断玻璃、一体式卫浴玻璃洗脸盆、成品镜边框、玻璃艺术品等；也可以用于各类玻璃器皿 |
| | 玻璃砖 |
| （1）概念 | 1）玻璃砖是用透明或颜色玻璃料压制成形的块状或空心盒状，体形较大的玻璃制品。其品种主要有玻璃空心砖、玻璃实心砖。<br>2）玻璃砖较厚，并不作为饰面材料使用，而是作为结构材料，作为墙体、屏风、隔断等类似功能使用（图4-72）<br>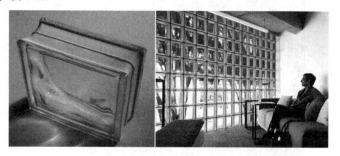<br>图4-72 玻璃砖 |
| （2）规格 | 玻璃砖的厚度一般有 145 mm、195 mm、250 mm、300 mm 等 |

## 8.4　装饰玻璃选购要点

拓展学习：装饰
玻璃选购要点

扫描二维码学习平板玻璃和钢化玻璃等产品的选购要点。

🔊 **知识链接 4–1**

### 玻璃的历史

玻璃的出现与使用在人类的生活里已有 4 000 多年的历史，我国在 20 世纪 80 年代研究成功的"洛阳浮法玻璃工艺"是世界三大浮法工艺之一。如今中国玻璃工业百花齐放、不断创新、质量领先、驰名世界。

知识链接：玻璃
的发展历史

🔊 **成长小贴士 4–8**

### 玻璃幕墙的优缺点

玻璃幕墙（reflection glass curtainwall）是指由支承结构体系可相对主体结构有一定位移能力、不分担主体结构所受作用的建筑外围护结构或装饰结构，有单层玻璃和双层玻璃两种。玻璃幕墙是一种美观新颖的建筑墙体装饰方法，是现代主义高层建筑时代的显著特征。

玻璃幕墙是当代的一种新型墙体，它赋予建筑的最大特点是将建筑美学、建筑功能、建筑节能和建筑结构等因素有机地统一起来，建筑物从不同角度呈现出不同的色调，随阳光、月色、灯光的变化给人以动态的美。但是，玻璃幕墙也存在着一些局限性，例如光污染、能耗较大等问题。但这些问题随着新材料、新技术的不断出现，正逐步纳入建筑造型、建筑材料、建筑节能的综合研究体系中，作为一个整体的设计问题加以深入的探讨。

★ **素养闪光点**：辩证地看待事物的发展，不断改掉缺点、推动科学进步。

| 质量检查 | |
| --- | --- |
| **思考与练习** | |
| 1. 是否了解和掌握装饰玻璃的类型、性能、规格和基本用法？<br>2. 是否了解装饰玻璃的选购要点？ | |
| **岗课赛证** | |
| 扫描二维码进行本任务岗课赛证融通习题的答题，或进入网络平台获取更丰富的学习内容 | <br>岗课赛证习题 |

| | 评价反馈 | | |
|---|---|---|---|
| 学生<br>自评 | 1. 是否掌握装饰玻璃的常见种类、性能和规格？□是　□否 | | |
| | 2. 是否了解装饰玻璃的选购要点？□是　□否 | | |
| | | 学生签名： | 评价日期： |
| 教师<br>评价 | 教师评价意见： | | |
| | | 教师签名： | 评价日期： |
| 学习<br>心得 | | | |
| | 能力拓展 | | |
| 通过互联网、现场实拍等方式，找到各类玻璃的更多资料，并以小组为单位制作汇报 PPT | | | |

# 任务 9　装饰五金配件

| | 任务目标 | |
|---|---|---|
| 应知理论 | 了解装饰五金配件的基础知识，掌握五金配件的种类、规格与用法 | |
| 应会技能 | 掌握根据实际情况选用合适的装饰五金配件的能力 | |
| 应修素养 | 具有精益求精、质量至上、注重细节的职业品质 | |
| | 任务分析 | |
| 任务描述 | 了解装饰五金配件的概念，学习掌握装饰五金配件的常见种类、基本性能、主要规格和具体应用，了解使用五金配件的注意要点 | |
| 任务重点 | 装饰五金配件的主要种类 | |
| 任务难点 | 装饰五金配件的具体用法 | |
| | 任务计划 | |
| 任务点 | 9.1　装饰五金配件主要类型及应用 | |
| | 9.2　装饰五金配件选购要点 | |
| | 任务实施 | |
| 实施步骤 | 发布任务（明确任务目标）—任务分析—任务计划—任务实施—质量检查—评价反馈—能力拓展 | |
| 实施要点 | 在学习任务中做好任务分析、观察思考、小组讨论、小组代表发言、知识拓展、课后练习、自我评价、教师评价等环节 | |

| 实施建议 | 详见手册使用总览：要求与建议 |
|---|---|

| 课件：装饰五金配件 | 微课：装饰五金配件 | 装饰五金配件全部插图 |
|---|---|---|

## 9.1 装饰五金配件主要类型及应用

装饰五金配件虽不起眼，却是日常生活中使用频率很高的部件，品种丰富、功能强大。五金配件种类很多，包括锁具、铰链、滑轨、拉手、滑轮、门吸、开关插座等。厨卫五金类按设置场合分为浴室五金类和厨房挂件类。简易版的装饰五金配件见表 4-17，完整版扫描二维码进行学习。

拓展学习：装饰五金配件主要类型及应用

表 4-17　装饰五金配件（简）

| 1. 门配套五金件 | 锁具、门吸、门合页、滑轮、闭门器、地弹簧（图 4-73） |
|---|---|
| 2. 橱柜配套五金件 | 铰链、液压杆、滑轨、拉手、拉篮等（图 4-74） |
| 3. 衣柜配套五金件 | 旋转衣架、四边拉篮、挂杆、挂裤架、领带架、升降衣杆等（图 4-75） |
| 4. 卫生间配套五金件 | 毛巾架、置衣架、角篮、厕纸盒、折叠座椅、浴帘杆、化妆镜等（图 4-76） |

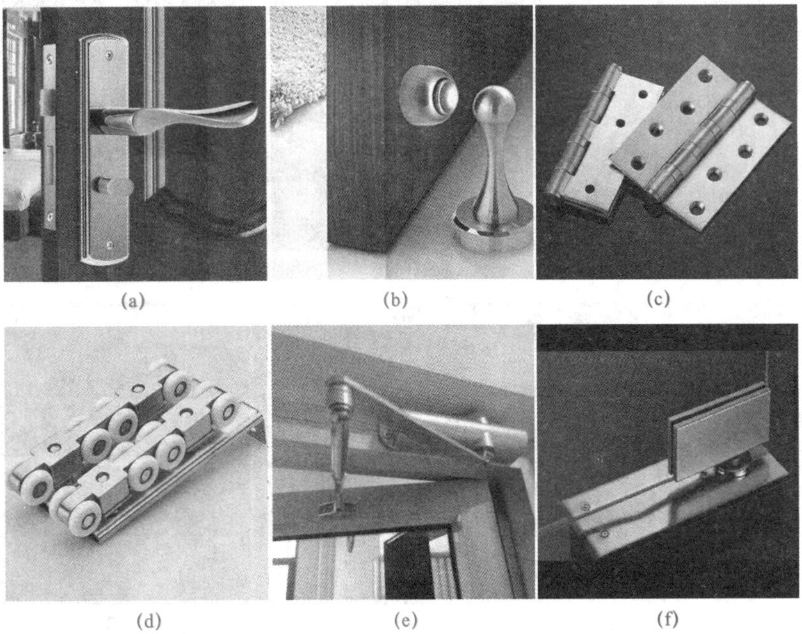

（a）　　　　　　　（b）　　　　　　　（c）

（d）　　　　　　　（e）　　　　　　　（f）

图 4-73　门配套五金件

（a）锁具；（b）门吸；（c）门合页；（d）移门滑轮；（e）闭门器；（f）地弹簧

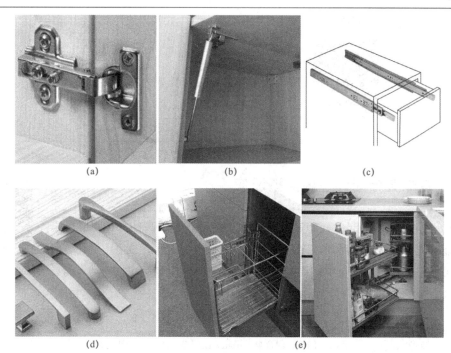

图 4-74　橱柜配套五金件

（a）铰链；（b）液压杆（气撑）；（c）抽屉滑轨；（d）拉手；（e）拉篮

图 4-75　衣柜配套五金件

（a）旋转衣架；（b）四边拉篮；（c）挂杆；（d）挂裤架；（e）升降衣杆；（f）领带架

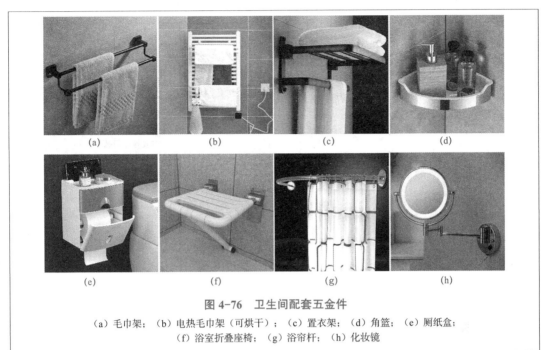

图 4-76　卫生间配套五金件

（a）毛巾架；（b）电热毛巾架（可烘干）；（c）置衣架；（d）角篮；（e）厕纸盒；
（f）浴室折叠座椅；（g）浴帘杆；（h）化妆镜

## ■9.2　装饰五金配件选购要点

拓展学习：装饰五金配件选购要点

扫描二维码学习门配套五金件（锁具、门吸、滑轮、地弹簧、闭门器）和橱柜配套五金件（铰链、滑轨、拉手、拉篮）等产品的选购要点。

### 🔊 成长小贴士 4-9

#### 工程质量无小事

铰链看起来是一个小部件，似乎无关大雅，实际并非如此。铰链关系到橱柜门的开合，铰链本身的质量关系到数以万次计的开关使用是否都能够平稳、顺滑，铰链安装的质量关系到柜门与柜体是否能够严丝合缝、是否规整整齐，因为即使柜门有一点点的不平或倾斜其实都会在视觉上造成不舒服，也影响日常。因此，工程质量无小事，无论是大面积的主材和大型构造，还是像铰链这样的小材料、小细节，都应该精益求精、严谨认真对待。

★ 素养闪光点：精益求精、质量至上、注重细节。

| 质量检查 |
| --- |
| 思考与练习 |
| 1. 是否了解和掌握装饰五金配件的类型、性能、规格和基本用法？ |
| 2. 是否了解装饰五金配件的选购要点？ |

| 岗课赛证 | |
|---|---|
| 扫描二维码进行本任务岗课赛证融通习题的答题，或进入网络平台获取更丰富的学习内容 | <br>岗课赛证习题 |

| 评价反馈 | | |
|---|---|---|
| 学生<br>自评 | 1. 是否掌握装饰五金配件的常见种类、性能和规格？□是　□否 | |
| | 2. 是否了解装饰五金配件的选购要点？□是　□否 | |
| | 学生签名： | 评价日期： |
| 教师<br>评价 | 教师评价意见： | |
| | 教师签名： | 评价日期： |
| 学习<br>心得 | | |
| 能力拓展 | | |
| 通过互联网、现场实拍等方式，找到各类装饰五金配件的更多资料，并以小组为单位制作汇报 PPT | | |

# 任务10　木工工程施工要点及注意事项

| 任务目标 | |
|---|---|
| 应知理论 | 了解木工工程施工要点和相关的注意事项 |
| 应会技能 | 具备木工工程施工的基本管理能力 |
| 应修素养 | 感悟中国传统工艺中蕴含的值得传承和发扬的深厚智慧 |
| 任务分析 | |
| 任务描述 | 通过了解木工工程施工的基本流程、要点和相关的注意事项，掌握初步的木工施工基本管理能力 |
| 任务重点 | 木工施工基本流程 |
| 任务难点 | 木工施工要点和注意事项 |

| 任务计划 | |
| --- | --- |
| 任务点 | 10.1　吊顶工程施工 |
| | 10.2　其他木工工程施工 |
| 任务实施 | |
| 实施步骤 | 发布任务（明确任务目标）—任务分析—任务计划—任务实施—质量检查—评价反馈—能力拓展 |
| 实施要点 | 在学习任务中做好任务分析、观察思考、小组讨论、小组代表发言、知识拓展、课后练习、自我评价、教师评价等环节 |
| 实施建议 | 详见手册使用总览：要求与建议 |

| | | |
| --- | --- | --- |
| 课件：木工工程施工要点及注意事项 | 微课：木工工程施工要点及注意事项 | 木工工程施工要点及注意事项全部插图 |

# 10.1　吊顶工程施工

扫描二维码学习轻钢龙骨纸面石膏板吊顶施工（以 D50 系列为例）、铝扣板吊顶施工、装饰石膏板、矿棉板、硅钙板吊顶施工流程等，以及其他一些注意事项。

拓展学习：吊顶工程施工

# 10.2　其他木工工程施工

扫描二维码学习木地板施工、木构造施工和定制家具施工流程等，以及其他一些注意事项。

拓展学习：其他木工工程施工　动画：实木地板和实木门构造

## 🔊 知识链接 4-2

### 鲁班与鲁班奖

鲁班生活在春秋末期到战国初期，出身于世代工匠的家庭，2 400 多年来，人们把古代劳动人民的集体创造和发明也都集中到他的身上。因此，有关他的发明和创造的故事，实际上是中国古代劳动人民发明和创造的故事。

鲁班奖的全称为"建筑工程鲁班奖"，是中国建筑行业工程质量方面的最高荣誉（图 4-77）。

知识链接：鲁班与鲁班奖

图 4-77　鲁班和鲁班奖

🔊 成长小贴士 4-10

**榫卯结构**

　　榫卯结构是中国古建筑以木材、砖瓦为主要建筑材料，以木构架结构为主要结构方式，由立柱、横梁、顺檩等主要构件建造而成，各个构件之间的结点以榫卯相吻合，构成富有弹性的框架（图 4-78）。

图 4-78　榫卯结构

　　中国古典家具的榫卯设计不同于其他中国传统手工艺品，如玉雕、牙雕、鼻烟内画壶等，完全是技巧的纯熟，为了装饰而装饰，取悦于人们的视觉快感。而家具中的设计必须在满足人们的视觉美感后，还要求科学合理性，使其长久耐用。这就要求每个木料榫头卯眼，必须根据家具的造型组合，从力学上每个木料所受到的承受力，在古代木工师傅的多年目测经验中，能准确地判断出来。

　　⭐ **素养闪光点：**中国传统工艺蕴含无穷智慧，值得传承和发扬。

## 质量检查

### 思考与练习

1. 是否了解和掌握吊顶工程的施工流程、要点和要求？
2. 是否了解和掌握木构造的施工流程、要点和要求？
3. 是否了解和掌握定制家具的施工流程、要点和要求？

### 岗课赛证

| | |
|---|---|
| 扫描二维码学习进行本任务岗课赛证融通习题的答题，或进入网络平台获取更丰富的学习内容 | <br>岗课赛证习题 |

### 评价反馈

| 学生<br>自评 | 1. 是否熟悉木工工程施工的基本流程？□是　□否 |
|---|---|
| | 2. 是否了解木工工程施工的基本要点？□是　□否 |
| | 学生签名：　　　　　评价日期： |
| 教师<br>评价 | 教师评价意见： |
| | 教师签名：　　　　　评价日期： |
| 学习<br>心得 | |

### 能力拓展

仔细观察日常生活中的室内外空间，收集各类吊顶工程、木构造工程、定制家具的具体案例，并以小组为单位制作汇报PPT

# 项目5　油漆及裱糊工程材料

油漆工程可以根据施工表面和涂料类型的不同分为多个类型。以下是一些常见的油漆工程类型：

（1）墙面油漆工程：墙面油漆是室内装修中最常见的油漆工程类型之一，通常用于墙壁、天花板等表面的涂刷。根据使用方式，材料可分为乳胶漆、油漆、喷涂漆、纹理漆等。

（2）地面油漆工程：地面油漆主要用于室内地面的涂刷，包括木地板、水磨石、水泥地面等。根据涂料种类，可分为环氧地坪漆、沥青涂料、水性地坪漆等。

（3）木器油漆工程：木器油漆主要用于木制家具、门窗等表面的涂刷。根据涂料种类，可分为清漆、木器漆、防腐涂料等。

（4）金属油漆工程：金属油漆用于金属表面的涂刷，包括门窗、电器等。根据涂料种类，可分为金属漆、防锈涂料等。

（5）特殊油漆工程：特殊油漆包括防水涂料、防火涂料、抗菌涂料、环保涂料等。这些涂料通常根据特殊需要使用。

裱糊工程是指在墙面上使用裱糊纸或布等材料，以及使用胶水将其固定在墙面上，以达到装饰和保护墙面的目的，主要包括壁纸、壁布等材料。

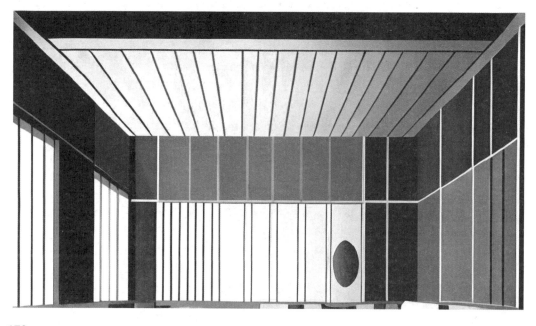

# 任务1  油漆工程辅料

| 任务目标 | |
|---|---|
| 应知理论 | 了解油漆工程辅料的基础知识，掌握油漆工程辅料的种类、性能和规格 |
| 应会技能 | 掌握根据实际情况选用合适的油漆工程辅料的能力 |
| 应修素养 | 把握室内设计行业发展趋势，了解风格演变背后的深层原因 |
| 任务分析 | |
| 任务描述 | 了解油漆工程辅料的概念，学习掌握油漆工程辅料的常见种类、基本性能、主要规格和具体应用，了解使用油漆工程辅料的注意要点 |
| 任务重点 | 腻子的性能与应用 |
| 任务难点 | 石灰与石膏 |
| 任务计划 | |
| 任务点 | 1.1  石灰与石膏 |
| | 1.2  墙面腻子材料 |
| | 1.3  油漆工程辅料选购要点 |
| 任务实施 | |
| 实施步骤 | 发布任务（明确任务目标）—任务分析—任务计划—任务实施—质量检查—评价反馈—能力拓展 |
| 实施要点 | 在学习任务中做好任务分析、观察思考、小组讨论、小组代表发言、知识拓展、课后练习、自我评价、教师评价等环节 |
| 实施建议 | 详见手册使用总览：要求与建议 |

课件：油漆工程辅料

微课：油漆工程辅料

油漆工程辅料全部插图

## 1.1  石灰与石膏

石灰和石膏都是常见的建筑材料，在建筑工程和装饰装修工程中得到广泛应用，有各自的性能特点和适用范围。这两种材料都是墙面腻子材料的主要成分，因此，在学习腻子材料前，先具体了解一下石灰和石膏材料（表5-1）。

表 5-1　石灰与石膏

| | 石灰（气硬性） | |
|---|---|---|
| （1）主要成分 | 氧化钙（CaO），又称为生石灰，是通过石灰石等矿物质的加工或石灰岩的煅烧得到的，为白色或灰色的粉末（图 5-1） 图 5-1　石灰与石灰池 | |
| （2）化学性能 | 熟化 | 生石灰与水反应生成氢氧化钙（Ca(OH)₂），又称为熟石灰，同时释放大量的热，且体积增大 1～2.5 倍。 |
| | 硬化 | 在大气环境中，石灰浆中的氢氧化钙与二氧化碳生成碳酸钙（CaCO₃），并释放出水分，这一过程也称碳化 |
| （3）材料性质 | 保水性好、防火性好、吸湿性强；硬化较慢、强度较低、耐水性差、硬化时体积变化大 | |
| （4）应用范围 | 取其纯白、浆状可塑的特点，在建筑工程中石灰主要用于制作石灰浆、石灰石膏板、石灰涂料、石灰石材修复等，在油漆工程中用于调制腻子、粉刷墙面 | |
| | 石膏（气硬性） | |
| （1）主要成分 | 硫酸钙（CaSO₄）是一种无色或白色的天然矿物质，在自然界中经常以岩石的形式存在 | |
| （2）化学性能 | 变化 | 石膏加水形成二水石膏（CaSO₄·2H₂O），又称生石膏；经过煅烧、磨细可得 β 型半水石膏（CaSO₄·1/2H₂O），即建筑石膏，又称熟石膏、灰泥。 |
| | 硬化 | 石膏浆中的自由水分逐渐减少，浆体持续变稠凝聚为晶体，直至完全干燥的过程 |
| （3）材料性质 | 凝结硬化快、体积变化不大、硬化后孔隙率高、质量轻、防火性能好，隔声、保温、环保，耐水性和抗冻性差 | |
| （4）应用范围 | 在建筑装修中有着广泛的应用，它可以用来制作石膏板、石膏花线、石膏板芯、石膏保温板等建筑材料（图 5-2） 图 5-2　石膏矿与石膏制品 | |

## 1.2 墙面腻子材料

腻子是墙面油漆工程中涂刷乳胶漆之前要做的必要工序，是一种重要的墙面油漆工程辅料（表 5-2）。

表 5-2　墙面腻子材料

| 序号 | 名称 | 说明 |
|---|---|---|
| 1 | 概念 | 涂刷腻子的目的是消除墙面高低不平的缺陷，同时产生白亮的底色，从而保证涂料的良好附着性和色彩（图 5-3）；腻子施工也称为"扇灰""批灰""抹灰"等；腻子虽然是一种装修辅料，但是在施工中用量大、作用大，十分重要<br><br>图 5-3　腻子的作用 |
| 2 | 类型 | （1）普通腻子粉<br>1）普通的腻子粉即复粉，顾名思义是一种复合粉末，主要由滑石粉、石灰粉、石膏粉、熟胶粉、白水泥等粉状材料混合而成。<br>2）复粉要添加胶水，搅拌调制成腻子膏（图 5-4）。胶水种类主要有 108、606、801、901 等，108 胶是在 107 胶的基础上改良而成的，有毒有害物质相对少了很多，达到了国家标准。但无论是哪种胶，有毒物质的含量区别只在多和少而已，在施工中大量使用，都会对人体造成一定危害。这和我们之前介绍的大芯板等板材一样，即使买来的都是环保达标的板材，但是在室内装修中应用过多还是一样会造成室内环境的污染，这就是为什么即使装修都采用环保材料而室内空气质量依然无法达标的原因所在。因此，开窗通风是最好的防控方法<br><br>图 5-4　复粉 +108 胶搅拌成腻子 |

| 序号 | 名称 | | | 说明 |
|------|------|------|------|------|
| 2 | 类型 | (2) 成品腻子粉 | | 成品腻子（包括腻子粉、腻子膏等）最大的优点就是不需要再进行现场调配，增加了施工的便利性。但是腻子粉在施工中同样需要加入适量的胶水以增强它的胶粘性能（图5-5）；腻子膏则可以认为是腻子粉的升级产品，腻子粉还需要加入水和胶进行调配，但腻子膏则可以直接使用。但是腻子膏也没有办法回避胶水的问题 |
| | | 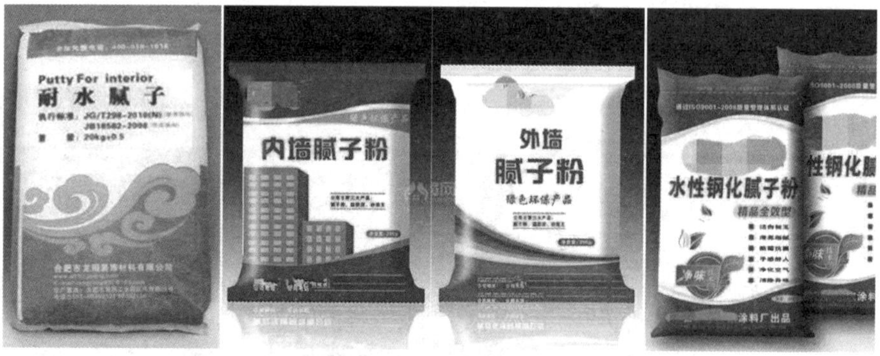 图 5-5　各类成品腻子粉 | | |
| | | (3) 墙衬 | | 墙衬是墙纸的一种，贴于墙面可以代替腻子工序而直接上油漆（图5-6）；而有的墙衬是以前的821腻子或耐水腻子，只是换了个名称而已 |
| | |  图 5-6　墙衬 | | |
| 3 | 其他分类 | 防水性 | 一般腻子 | 用于不要求耐水的场合 |
| | | | 耐水腻子 | 用于要求耐水的场合，需要具备一定的耐水性和吸湿性，主要是添加了保水剂 |
| | | 使用场合 | 内墙腻子 | 具备较高的环保性能和使用耐久度 |
| | | | 外墙腻子 | 具备较高的防水、耐温、抗风化能力 |

| 序号 | 名称 | 说明 |
|---|---|---|
| 4 | 工艺 | 刮腻子之前要做好相关处理，如墙面要挂网、吊顶石膏板自攻螺钉要涂刷防锈漆、石膏板接缝要贴接缝纸胶带、阴阳角要贴角条等。<br>一般腻子要刮 3 遍，最后用砂纸打磨 1 遍（成活面）（图 5-7） |

图 5-7　刮腻子与打磨

## ■ 1.3　油漆工程辅料选购要点

扫描二维码学习油漆工程辅料尤其是腻子粉产品的选购要点，包括看包装、看效果、看防伪等。

拓展学习：油漆工程辅料选购要点

### ◀))  成长小贴士 5-1

#### 墙面颜色与室内光线

自古以来墙面往往刷成白色，这是为了增加室内光线的反射度，提高室内自然照明的亮度，因此，毛坯房往往看起来很昏暗，但是一旦做好墙面油漆工程，将墙面刷成白色，室内光线立刻提升；再如中国白族传统民居，由于朝向问题不能很好地坐北朝南，因此设置了照壁这种建筑构件，并且将照壁大量留白刷成白色，也是可以起到反射光线、增加室内亮度的作用。因此，墙面刷白既显得干净洁白，也是增强室内光线反射、提高室内采光的功能需要。

但是今天室内空间的墙面不再是单一的白色，而是有了更多选择，不同的室内风格，如现代简约、新中式、北欧、美式、轻奢，或是盐甜风、奶油风、诧寂风等，都可以搭配不同的墙面色彩来营造。而这种变化主要是得益于室内照明技术和方法的不断演化，现代室内照明产品在光线柔和度、频闪控制度和氛围营造能力等方面都有着极大的提升，从而可以使得墙面色彩有丰富的选择，而不再单纯强调白色墙面对室内光线的反射作用。

★ 素养闪光点：把握室内设计行业发展趋势，了解风格演变背后的深层原因。

| 思考与练习 |
|---|

1. 是否了解和掌握油漆工程辅料材料的性能、规格和基本用法？
2. 是否了解油漆工程辅料的选购要点？

| 岗课赛证 |
|---|

扫描二维码进行本任务岗课赛证融通习题的答题，或进入网络平台获取更丰富的学习内容

岗课赛证习题

| 评价反馈 | | | |
|---|---|---|---|
| 学生<br>自评 | 1. 是否掌握油漆工程辅料常见种类、性能和规格？□是　□否 | | |
| | 2. 是否了解油漆工程辅料的选购要点？□是　□否 | | |
| | | 学生签名：　　　　　　　评价日期： | |
| 教师<br>评价 | 教师评价意见： | | |
| | | 教师签名：　　　　　　　评价日期： | |
| 学习<br>心得 | | | |

| 能力拓展 |
|---|

通过互联网、现场实拍等方式，找到油漆工程辅料的更多资料，并以小组为单位制作汇报PPT

# 任务 2　油漆及涂料

| 任务目标 | |
|---|---|
| 应知理论 | 了解油漆及涂料的基础知识，掌握相关材料的种类、性能和规格 |
| 应会技能 | 掌握根据实际情况选用合适的油漆及涂料的能力 |
| 应修素养 | 了解底蕴深厚的中国传统建筑文化和装饰艺术 |

| 任务分析 | |
|---|---|
| 任务描述 | 了解油漆及涂料的概念，学习掌握油漆及涂料的常见种类、基本性能、主要规格和具体应用，了解使用相关材料的注意要点 |
| 任务重点 | 墙面油漆材料的性能与应用 |
| 任务难点 | 地面油漆材料的性能与应用 |
| **任务计划** | |
| 任务点 | 2.1　墙面油漆及涂料 |
| | 2.2　地面油漆及涂料 |
| | 2.3　木器、金属油漆及涂料 |
| | 2.4　油漆及涂料选购要点 |
| **任务实施** | |
| 实施步骤 | 发布任务（明确任务目标）—任务分析—任务计划—任务实施—质量检查—评价反馈—能力拓展 |
| 实施要点 | 在学习任务中做好任务分析、观察思考、小组讨论、小组代表发言、知识拓展、课后练习、自我评价、教师评价等环节 |
| 实施建议 | 详见手册使用总览：要求与建议 |

课件：油漆及涂料　　　　微课：油漆及涂料　　　　油漆及涂料全部插图

油漆及涂料是指涂敷于物体表面能形成完整的漆膜，并能与物体表面牢固黏合的物质，是装饰材料中的一个大类，品种很多，常见的主要有墙面漆、地面漆、木器漆、金属漆、防腐涂料、防火涂料、防水涂料等。

## 2.1　墙面油漆及涂料

扫描二维码学习乳胶漆和硅藻泥/灰泥的特点与分类、水泥类涂料、其他墙面涂料的性能和特点等完整版，简易版见表5-3。

拓展学习：墙面油漆及涂料

表 5-3　墙面油漆及涂料（简）

| 乳胶漆 | | |
|---|---|---|
| （1）概念 | 乳胶漆是典型的水性漆，是乳胶涂料的俗称，诞生于 20 世纪 70 年代中下期。其是以丙烯酸酯共聚乳液为代表的一大类合成树脂乳液涂料，属于水分散性涂料，具体来说是以合成树脂乳液为基料，填料经过研磨分散后加入各种助剂精制而成，是目前室内墙面装饰的主流油漆材料（图 5-8、图 5-9）<br><br><br>图 5-8　乳胶漆<br><br><br>图 5-9　乳胶漆可选不同颜色<br><br>乳胶漆是重要的装饰材料，价格低、施工方便，其费用可能只会占到装修总费用的 5% 左右，但是在装饰面积上却可以占全部装修面积的 70% 以上，墙面、天花都会大量使用到 | | |
| （2）特点 | 环保性好；施工方便；性能出众；装饰性好 | | |
| （3）性能 | 1）物理性 | 良好的遮蔽性、附着力、易清洗性、强度高、韧性好 | |
| | 2）耐久性 | 耐潮湿、耐碱性、抗碳化、抗菌性（防霉变）等性能 | |
| | 3）适用性 | 决定了其使用场合、空间类型、功能拓展等 | |
| （4）分类 | 1）光泽度 | 亮光、半亮光、亚光等 | |
| | 2）室内外 | 内墙乳胶漆、外墙乳胶漆等。相比内墙用乳胶漆而言，外墙用乳胶漆在抗紫外线照射和抗水性能上要强很多，可以达到长时间阳光照射和雨淋不变色的效果 | |
| | 3）底与面（图 5-10） | 底漆：主要作用是抗碱，防止墙面碱性物质渗出伤害面漆。此外，也可以进一步填充腻子层的气孔，形成更加均匀平滑的墙面 | |
| | | 面漆：面漆即成活面，是最后的完工层 | |

| | |
|---|---|
| （4）分类 | <br>图 5-10　底漆和面漆 |
| | 4）其他类　还有强调耐水、抗污、抗菌性能的乳胶漆产品 |
| （5）规格 | 一般是桶装，常见的是每桶 5 L。商家也常按照一底两面的原则搭配成套餐供客户选择 |

| 硅藻泥 / 灰泥 ||
|---|---|
| （1）概念 | 1）硅藻泥是一种以硅藻土为主要原材料的内墙环保装饰壁材。其具有消除甲醛、净化空气、调节湿度、释放负氧离子、防火阻燃、墙面自洁、杀菌除臭等功能。硅藻泥健康环保，不仅有很好的装饰性，还具有功能性，是替代壁纸和乳胶漆的新一代室内装饰材料（图 5-11）。<br>2）灰泥是硅藻泥的升级产品，其防潮、防霉性能上更佳（图 5-12）<br><br>图 5-11　硅藻泥<br><br>图 5-12　灰泥 |
| （2）特点 | 环保性好；吸附性好；保温耐火；清洁方便；装饰性好 |
| （3）工艺 | 施工包括搅拌、涂抹、肌理图案制作、收光 |

| | 水泥类涂料 |
|---|---|
| （1）分类 | 水泥漆、马来漆、微水泥（图 5-13）<br>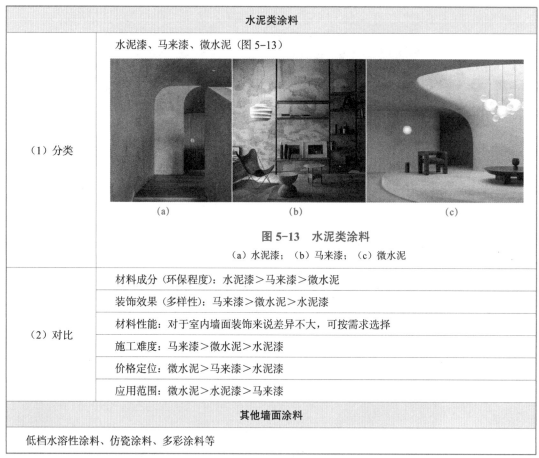<br>（a） （b） （c）<br>**图 5-13　水泥类涂料**<br>（a）水泥漆；（b）马来漆；（c）微水泥 |
| （2）对比 | 材料成分（环保程度）：水泥漆＞马来漆＞微水泥 |
| | 装饰效果（多样性）：马来漆＞微水泥＞水泥漆 |
| | 材料性能：对于室内墙面装饰来说差异不大，可按需求选择 |
| | 施工难度：马来漆＞微水泥＞水泥漆 |
| | 价格定位：微水泥＞马来漆＞水泥漆 |
| | 应用范围：微水泥＞水泥漆＞马来漆 |
| | **其他墙面涂料** |
| 低档水溶性涂料、仿瓷涂料、多彩涂料等 | |

## ▌2.2 地面油漆及涂料

地面油漆及涂料见表 5-4。

表 5-4　地面油漆及涂料

| | 环氧地坪漆 |
|---|---|
| （1）概念 | 采用整体聚合物面层，主要成分为环氧树脂和固化剂、美观耐用 |
| （2）特点 | 整体无缝，表面平整光滑，不集聚灰尘、细菌；耐强酸强碱、耐磨、耐压、耐冲击、防霉、防水、防尘、防滑、防静电／电磁波；颜色亮丽多样；清洁容易（图 5-14）<br><br>**图 5-14　环氧地坪漆** |

| （3）分类 | 溶剂型；无溶剂型；其他类型 |
|---|---|
| **水性地坪漆** | |
| （1）概念 | 是环氧地坪漆的一种，具有与溶剂型环氧地坪漆相当的性能 |
| （2）特点 | 环保性好，施工和完工后毒性较少；防火等级高，不易燃，防火 |
| | 施工厚度一般为 0.5 ~ 10 mm，以 2 ~ 4 mm 居多 |
| （3）用途 | 可以应用在制药、食品、医院、纺织、化工、电子等强调环保性的生产厂房、办公楼、仓库、试验室的地坪涂装，也适用于一楼地面、地下室、地下停车场等环境（图 5-15）<br><br>图 5-15　水性地坪漆 |
| **沥青涂料** | |
| （1）概念 | 以沥青为成膜物的一类涂料（图 5-16）<br><br>图 5-16　沥青涂料 |
| （2）分类 | 环氧煤沥青涂料；聚氨酯沥青涂料 |

## 2.3　木器、金属油漆及涂料

木器油漆及涂料见表 5-5。

表 5-5　木器油漆及涂料

| | 清漆 |
|---|---|
| （1）概念 | 清漆是以树脂为主要成膜物质再加上溶剂组成的涂料。由于涂料和涂膜都是透明的，因而也称透明涂料。涂在物体表面，干燥后形成光滑薄膜，显出物体表面原有的纹理（图5-17）<br><br>图 5-17　清漆 |
| （2）特点 | 清漆一般含有减少紫外线照射的保护功能，只要清漆层完好无损，它可有效延缓色漆的老化；清漆美观，光泽度很高，但易出现划痕 |
| （3）分类 | 清漆分为油基清漆和树脂清漆两大类，前者俗称"凡立水"，后者俗称"泡立水" |
| （4）用途 | 清漆可用于家具、地板、门窗及汽车等的涂装，也可加入颜料制成瓷漆，或加入染料制成有色清漆。还可用来制造瓷漆和浸渍电器，以及用于固定素描画稿、水粉画稿等，起一定防氧化作用，能延长画稿的保存时间 |
| | 木器漆 |
| （1）概念 | 木器漆是指用于木制品上的一类树脂漆，有聚酯、聚氨酯漆等，可分为水性和油性。<br>天然木器漆俗称大漆，又有"国漆"之称，从漆树上采割下来的汁液称为毛生漆或原桶漆，用白布滤去杂质称为生漆；而随着科技进步，各类木器漆品种也不断诞生（图5-18）<br><br>图 5-18　木器漆 |
| （2）特点 | 可以使得木质材质表面更加光滑，避免木质材质被硬物刮伤产生划痕，有效地防止水分渗入木材内部造成腐烂，有效防止阳光直晒木质家具造成干裂 |

| | | |
|---|---|---|
| （3）分类 | 1）水性 | 水性漆是以水作为稀释剂的漆。水性漆环保无毒，直接用清水稀释，渗透性好，着色清晰，耐黄变性较好。其缺点是硬度、表面强度欠缺，难做高光度的工艺。水性漆包括水溶性漆、水稀释性漆、水分散性漆（乳胶涂料）3种 |
| | 2）油性 | 油性漆，又称油脂漆，是以干性油为主要成膜物质的一类涂料，附着力强，填充性比水性漆稍好，硬度高，光度好；缺点是不环保，干燥慢，涂膜物化性能较差，现大多已被性能优良的合成树脂漆所取代，包括硝基漆等 |
| （4）用途 | | 主要用于木器涂刷 |
| **防腐涂料** | | |
| （1）概念 | | 对木材及金属等材料进行防腐处理的涂料。一般分为常规防腐涂料和重防腐涂料：常规防腐涂料是在一般条件下，对金属等起到防腐蚀的作用，保护有色金属使用的寿命；重防腐涂料是指相对常规防腐涂料而言，能在相对苛刻腐蚀环境里应用，并具有能达到比常规防腐涂料更长保护期的一类防腐涂料（图5-19）<br><br>图 5-19 各类防腐漆 |
| （2）分类 | 针对木材 | 即木材防腐涂料。在木材表面或渗透进木材表层形成保护膜，起到防潮、抗菌、抗腐蚀的作用 |
| | 针对金属 | 即金属防锈漆。是将有害的酸碱物质中和为中性的无害物质，来保护防腐涂层内的材料不受腐蚀性物质的侵害 |

## ■ 2.4 油漆及涂料选购要点

扫描二维码学习乳胶漆、硅藻泥、清漆、木器漆等产品的选购要点。

拓展学习：油漆及涂料选购要点

🔊 **成长小贴士 5-2**

### 从建筑彩绘感受中国传统建筑文化

中国传统建筑彩绘是指在建筑物表面进行色彩装饰和绘画的艺术形式，是中国传统文化的重要组成部分之一。这种装饰艺术形式在中国古代建筑中非常常见，不仅能够通过油漆色彩起到保护作用，使其免遭雨淋日晒受潮，延长建筑物的寿命，同时也极富艺术感染力。

2008 年 6 月 7 日，建筑彩绘经国务院批准列入第二批国家级非物质文化遗产名录；2019

年11月，入选国家级非物质文化遗产代表性项目保护单位名单（图5-20）。

图5-20　中国传统建筑彩绘

★ **素养闪光点：感受中国传统建筑文化和装饰艺术。**

| 质量检查 | |
|---|---|
| **思考与练习** | |
| 1. 是否了解和掌握油漆及涂料的性能、规格和基本用法？<br>2. 是否了解油漆及涂料的选购要点？ | |
| **岗课赛证** | |
| 扫描二维码进行本任务岗课赛证融通习题的答题，或进入网络平台获取更丰富的学习内容 | <br>岗课赛证习题 |

| | 评价反馈 | | |
|---|---|---|---|
| 学生<br>自评 | 1. 是否掌握油漆及涂料常见种类、性能和规格？□是　□否 | | |
| | 2. 是否了解油漆及涂料的选购要点？□是　　□否 | | |
| | | 学生签名： | 评价日期： |
| 教师<br>评价 | 教师评价意见： | | |
| | | 教师签名： | 评价日期： |
| 学习<br>心得 | | | |

| 能力拓展 |
|---|
| 通过互联网、现场实拍等方式，找到油漆及涂料的更多资料，并以小组为单位制作汇报 PPT |

# 任务 3　壁纸、壁布、地胶、地板革

| 任务目标 | |
|---|---|
| 应知理论 | 了解壁纸与壁布的基础知识，掌握相关材料的种类、性能和规格 |
| 应会技能 | 具备掌握根据实际情况选用合适的壁纸与壁布的能力 |
| 应修素养 | 具有扎实的专业功底，能够基于综合考量选择合适的材料和工艺 |
| **任务分析** | |
| 任务描述 | 了解壁纸与壁布的概念，学习掌握壁纸与壁布的常见种类、基本性能、主要规格和具体应用，了解使用相关材料的注意要点 |
| 任务重点 | 壁布的性能与应用 |
| 任务难点 | 壁布施工 |
| **任务计划** | |
| 任务点 | 3.1　壁纸、壁布、地胶、地板革 |
| | 3.2　壁纸与壁布选购要点 |
| **任务实施** | |
| 实施步骤 | 发布任务（明确任务目标）—任务分析—任务计划—任务实施—质量检查—评价反馈—能力拓展 |
| 实施要点 | 在学习任务中做好任务分析、观察思考、小组讨论、小组代表发言、知识拓展、课后练习、自我评价、教师评价等环节 |
| 实施建议 | 详见手册使用总览：要求与建议 |

课件：壁纸、壁布、地胶、地板草　　微课：壁纸、壁布、地胶、地板草　　壁纸、壁布、地胶、地板草全部插图

## 3.1 壁纸、壁布、地胶、地板革

壁纸是一种有着悠久历史的传统墙面装饰材料，早在 16 世纪就开始在英、法等国开始使用，而壁布是壁纸的一种，是在材质、尺寸、工艺和效果上的升级产品。地胶和地板革是用于地面的裱糊类材料，在此一并学习。

壁纸、壁布、地胶、地板革的简易介绍见表 5-6，完整版扫描二维码进行学习。

拓展学习：壁纸、壁布、地胶、地板革

表 5-6　壁纸、壁布、地胶、地板革（简）

| | | 壁纸 |
|---|---|---|
| （1）概念 | | 壁纸也称为墙纸（图 5-21），是用于裱糊房内墙面的装饰性纸张<br><br>图 5-21　壁纸（墙纸）<br><br>通常是用漂白化学木浆生产原纸，再经不同工序的加工处理，如涂布、印刷、压纹或表面覆塑，最后经裁切、包装后出厂。因为具有一定的强度、美观的外表和良好的抗水性能，广泛用于住宅、办公室、宾馆的室内装修等 |
| （2）特点 | 优点 | 色彩多样、纹理丰富、可以配合各种室内风格；质感温润，触感舒适；施工便利、周期短；价格适宜、性价比高；有一定的防火、防霉、抗菌功能，质量好的壁纸耐擦洗 |
| | 缺点 | 要求较为干燥的环境和墙面基体；如果在潮湿环境中长期使用容易卷边（图 5-22）、鼓包、起霉点；壁纸尺寸窄、接缝较多，需要对花；使用过程中易脏、易撕毁；长期使用容易褪色，尤其是经常受到日照的墙面；质量差的壁纸不容易清理<br><br>图 5-22　壁纸卷边 |
| （3）分类 | | 纯纸壁纸；塑料壁纸；金属壁纸；玻璃纤维壁纸 |
| （4）风格 | | 可以适用于美式乡村风格、古典风格、新中式风格、轻奢风格、地中海风格等，使用范围广 |

| | | |
|---|---|---|
| （5）规格 | 一般是卷装，通常是 10 m 或 10.5 m 一卷，宽度一般为 0.53 m，也有 0.7 m 规格；整卷销售，不散裁（图 5-23）<br><br>图 5-23　壁纸卷 | |

| 壁布 | |
|---|---|
| （1）概念 | 壁布其实也属于广义壁纸的一种，不但在材质上更加耐用，也在尺寸上解决了壁纸接缝多、易卷边的问题，实现了整面墙无缝铺贴 |
| （2）特点 | 材质耐用；性能优越；整墙铺贴（图 5-24）<br><br>图 5-24　壁布 |
| （3）工艺 | 无论是壁纸还是壁布，施工是在腻子粉刷完后的基础上进行的，之后上一层光油即可裱糊了；裱糊壁纸相对简单，只要在壁纸、基层涂刷胶粘剂后粘贴即可，而壁布由于尺寸较大，难度高一些；裱糊过程中要注意气泡的处理；粘贴完毕必须擦净胶水，清理修整干净 |

| 地胶 | |
|---|---|
| （1）概念 | 地胶是一种 PVC 材料，属于轻体地材，又称地胶板。地胶适用于学校、医院、办公室等场所，主要特点是耐磨、防滑、易清洗、脚感舒适等 |
| （2）特点 | 弹性（舒适性）；防滑性；消声性；热传导性；耐磨性 |
| （3）用途 | 地胶主要用于公共空间，尤其是大型开阔的空间（久走不累、防滑），或是强调安静环境的空间（低音降噪），如博物馆、展览馆、机房、智慧教室等（图 5-25）<br><br>图 5-25　地胶 |

| 地板革 | |
|---|---|
| （1）概念 | 小块地胶，也称地板贴、地垫，一般做成仿木地板或石材地面的样式。规格多样，常见为2 m宽、10 m长（长度可以裁切购买），一般无背胶，在边缘通过双面胶固定（图5-26）<br><br>图5-26　地板革 |
| （2）特点 | 方便铺贴，可以在水泥地直接铺，不需要专业人员和工具 |
| | 价格低，档次低 |
| （3）用途 | 一般用于出租屋、廉价装修空间的地面铺贴，方便快捷、性价比高 |

## ■ 3.2　壁纸、壁布的选购要点

扫描二维码学习壁纸、壁布等产品的选购要点。

拓展学习：壁纸、壁布的选购要点

**🔊 成长小贴士 5-3**

### 壁纸和壁布有一定的适用要求

　　壁纸和壁布是性能优越、效果出众的墙面材料，质感温润、触感舒适，非常适合空间氛围的营造。但同时，壁纸和壁布并不是适用于所有的场合，最大的要求就是不能用于潮湿环境，因为过于潮湿的环境对这类材料尤其是壁纸有很大的伤害，非常容易造成回潮、起霉点、卷边等。从这个角度来说，其实壁纸也不太适合用于新建筑，因为新建筑的墙体含水量还是比较大，墙体本身的水分也会对壁纸有一定的影响，不过现在的壁布材料由于材质本身和施工工艺的提升，用于新建筑也是没有问题的。

　　★ **素养闪光点：基于综合考量选择合适材料和工艺。**

| 质量检查 |
|---|
| 思考与练习 |
| 1. 是否了解和掌握壁纸、壁布、地胶、地板革的性能、规格和基本用法？<br>3. 是否了解壁纸和壁布的选购要点？ |

| 岗课赛证 | |
|---|---|
| 扫描二维码进行本任务岗课赛证融通习题的答题，或进入网络平台获取更丰富的学习内容 | <br>岗课赛证习题 |

| 评价反馈 | | |
|---|---|---|
| 学生<br>自评 | 1．是否掌握壁纸与壁布常见种类、性能和规格？□是　□否 | |
| | 2．是否了解壁纸与壁布的选购要点？□是　□否 | |
| | 学生签名：　　　　　　评价日期： | |
| 教师<br>评价 | 教师评价意见： | |
| | 教师签名：　　　　　　评价日期： | |
| 学习<br>心得 | | |

| 能力拓展 |
|---|
| 通过互联网、现场实拍等方式，找到壁纸和壁布的更多资料，并以小组为单位制作汇报 PPT |

# 任务 4　油漆及裱糊工程施工要点及注意事项

| 任务目标 | |
|---|---|
| 应知理论 | 了解油漆及裱糊工程施工要点和相关的注意事项 |
| 应会技能 | 掌握油漆及裱糊工程施工的基本管理能力 |
| 应修素养 | 具有职业匠心：白墙看起来平平无奇，实则蕴含层层工艺，匠心无处不在 |
| 任务分析 | |
| 任务描述 | 通过了解油漆及裱糊工程施工的基本流程、要点和相关的注意事项，掌握初步的油漆及裱糊施工基本管理能力 |
| 任务重点 | 油漆及裱糊施工基本流程 |
| 任务难点 | 油漆及裱糊施工要点和注意事项 |

| 任务计划 | | |
|---|---|---|
| 任务点 | 4.1　墙面油漆施工（含腻子抹灰施工） | |
| | 4.2　壁纸与壁布施工 | |
| **任务实施** | | |
| 实施步骤 | 发布任务（明确任务目标）—任务分析—任务计划—任务实施—质量检查—评价反馈—能力拓展 | |
| 实施要点 | 在学习任务中做好任务分析、观察思考、小组讨论、小组代表发言、知识拓展、课后练习、自我评价、教师评价等环节 | |
| 实施建议 | 详见手册使用总览：要求与建议 | |

课件：油漆及裱糊工程
施工要点及注意事项　　　　　微课：油漆及裱糊工程
施工要点及注意事项

## ■4.1　墙面油漆施工（含腻子抹灰施工）

扫描二维码学习墙面油漆施工（含腻子抹灰施工）流程（包括基层清理、吊顶处理、阴阳角处理、墙面挂网、腻子抹灰、腻子打磨、涂刷乳胶漆等），以及其他一些注意事项。

拓展学习：墙面油漆施工（含腻子抹灰施工）

视频：喷涂乳胶漆

## ■4.2　壁纸与壁布施工

扫描二维码学习壁纸和壁布施工流程（包括墙面抹灰、涂刷基膜、找平划线、裁切壁纸、壁纸上胶、壁纸粘贴等），以及其他一些注意事项。

拓展学习：壁纸与壁布施工

### 🔊 成长小贴士 4-10

#### 墙面油漆工艺并不简单

油漆工是一个很辛苦的装饰工种，是因为墙面油漆工程看似简单，但实际上并不容易。首先，腻子抹灰工程需要刮腻子三遍，然后再完整打磨一遍，打磨的过程需要非常耐心，并使用强光照射进行仔细检查。此外，墙面阴阳角等部位的处理也必须要高度严谨，否则微小的瑕疵也会非常影响视觉效果；腻子完工后开始刷乳胶漆，调胶、调色都需要细致认真，然后涂刷底漆1遍、面漆2遍，才能最终完成整个墙面的油漆工程。

★ **素养闪光点：**白墙看起来平平无奇，实则蕴含层层工艺，匠心无处不在。

| 质量检查 |
|---|
| **思考与练习** |
| 1. 是否了解和掌握墙面油漆的施工流程、要点和要求？<br>2. 是否了解和掌握壁纸和壁布的施工流程、要点和要求？ |
| **岗课赛证** |

| | |
|---|---|
| 扫描二维码进行本任务岗课赛证融通习题的答题，或进入网络平台获取更丰富的学习内容 | <br>岗课赛证习题 |

| **评价反馈** | | |
|---|---|---|
| 学生<br>自评 | 1. 是否熟悉墙面油漆及裱糊施工的基本流程？□是　□否 | |
| | 2. 是否了解墙面油漆及裱糊施工的基本要点？□是　□否 | |
| | 学生签名：　　　　　　　评价日期： | |
| 教师<br>评价 | 教师评价意见： | |
| | 教师签名：　　　　　　　评价日期： | |
| 学习<br>心得 | | |

| **能力拓展** |
|---|
| 仔细观察日常生活中的室内外空间，收集各类吊顶工程、木构造工程、定制家具的具体案例，并以小组为单位制作汇报 PPT |

# 项目6 门窗、楼梯与钢结构

门窗是室内通风、采光和隔声的关键部分。它们可以保持房间内空气的流通和新鲜，使房间明亮，并隔绝外部噪声和污染。门窗在室内装饰中有很多应用。它们可以作为装饰元素，增加房间的美观度和设计感，也可以与其他室内装饰元素相匹配，如窗帘和窗套。在选择门窗时，应根据房间的设计风格和功能需求进行选择，如选用落地窗、玻璃门等，可以增加采光和通风效果。

楼梯连接不同楼层的空间，是室内通行的重要通道。它可以使人们在不同楼层之间自由移动，提高房屋的使用效率和空间利用率。楼梯在室内装饰中也有很多应用，其可以作为装饰元素增加房间的美观度和设计感，也可以与其他室内装饰元素相匹配，如地毯和栏杆等。在选择楼梯时，应根据房间的设计风格和空间需求进行选择，如选择直梯或旋转梯，可以根据房屋的布局和设计要求进行选择。

钢结构是以钢材作为主要构造材料的建筑结构系统。它是一种现代化、高效率的建筑结构形式，具有结构稳定性好、施工速度快、造价低等优点，在实际应用中，钢结构常常被用于大跨度的建筑、高层建筑、工业厂房、体育馆、桥梁等领域，也在建筑装饰工程中发挥重要的作用。

# 任务1　门窗类

| 任务目标 | |
|---|---|
| 应知理论 | 了解门窗的基础知识，掌握门窗的种类、性能和规格 |
| 应会技能 | 掌握根据实际情况选用合适的门窗的能力 |
| 应修素养 | 室内设计从业者应当具备良好的环保意识 |
| **任务分析** | |
| 任务描述 | 了解门窗的概念，学习掌握门窗的常见种类、基本性能、主要规格和具体应用，了解使用门窗的注意要点 |
| 任务重点 | 门窗的常见种类和应用 |
| 任务难点 | 断桥铝窗 |
| **任务计划** | |
| 任务点 | 1.1　门窗主要类型及应用 |
| | 1.2　门窗选购要点 |
| **任务实施** | |
| 实施步骤 | 发布任务（明确任务目标）—任务分析—任务计划—任务实施—质量检查—评价反馈—能力拓展 |
| 实施要点 | 在学习任务中做好任务分析、观察思考、小组讨论、小组代表发言、知识拓展、课后练习、自我评价、教师评价等环节 |
| 实施建议 | 详见手册使用总览：要求与建议 |

课件：门窗类　　　　微课：门窗类

## ■ 1.1　门窗主要类型及应用

　　门窗在材质和形式上有很多类型，适用于不同的使用要求。需要拓展学习的内容包括门与窗的材质类型和功能类型。简要的门窗主要类型与应用见表6-1，完整版扫描二维码进行学习。

拓展学习：门窗主要类型及应用

表 6-1  门窗主要类型与应用（简）

| 窗 | | |
|---|---|---|
| （1）材质类型 | 木窗、铝合金（普通、断桥铝）、塑钢等 | |
| | 铝合金窗规格 | 铝合金的厚度，国标规定为 1.4 mm 以上，但是具体有 1.0 mm、1.2 mm、1.4 mm、1.6 mm、1.8 mm、2.0 mm 等类型 |
| | | 窗页本身的整体厚度有 55 系列（即 55 mm 厚）、60 系列、70 系列、90 系列等。应选择 70 以上较好 |
| | | 玻璃使用中空钢化，有两层中空、三层中空等类型 |
| （2）功能类型 | 平开窗、推拉窗、落地窗、其他类（如固定窗、上悬窗、中悬窗、下悬窗、立转窗、滑轮平开窗、滑轮窗、平开下悬门窗、推拉平开窗等） | |
| 门 | | |
| （1）材质类型 | 木门（实木门、实木复合门、模压门等）、铝合金门（门套分为半包套和全包套）、塑钢门、玻璃门、钢板门等 | |
| （2）功能类型 | 平开门、双开门、子母门、推拉门、吊趟门、谷仓门、折叠门、旋转门、玻璃地弹门、玻璃感应门、磁吸门、防盗门、防火门等 | |

## 1.2  门窗选购要点

拓展学习：门窗选购要点

扫描二维码学习防盗门、实木及实木复合门、模压门、推拉门、铝合金门窗及断桥铝窗、塑钢门窗等产品的选购要点。

🔊 **成长小贴士 6-1**

### 从断桥铝的应用看室内设计的环保趋势

随着人们环保意识的不断提高，室内设计也越来越注重环保。而断桥铝窗则是室内设计中常用的一种环保建材。

断桥铝窗是一种双层铝型材，中间采用聚酰胺级热断桥材料隔热、隔声，能有效隔绝室内外温差和噪声，提高采光和视觉效果。相比传统的铝合金窗，断桥铝窗的优点在于隔热性能好，避免了冬季室内温度低、夏季室内温度高的现象，从而节约能源。同时，断桥铝窗还具有其他环保特点。它采用的是铝材料，不会对环境造成污染。此外，它的材料均可以回收利用，减少了资源浪费。

★ **素养闪光点：室内设计从业者应当具备良好的环保意识。**

| 质量检查 |
|---|
| **思考与练习** |
| 1. 是否了解和掌握门窗的材质、类型和应用？<br>2. 是否了解门窗的选购要点？ |
| **岗课赛证** |

| | |
|---|---|
| 扫描二维码进行本任务岗课赛证融通习题的答题，或进入网络平台获取更丰富的学习内容 | <br>岗课赛证习题 |

| **评价反馈** | | | |
|---|---|---|---|
| 学生自评 | 1. 是否掌握门窗常见种类、性能和规格？□是　□否 | | |
| | 2. 是否了解门窗的选购要点？□是　□否 | | |
| | | 学生签名：　　　　　　　评价日期： | |
| 教师评价 | 教师评价意见： | | |
| | | 教师签名：　　　　　　　评价日期： | |
| 学习心得 | | | |

| **能力拓展** |
|---|
| 通过互联网、现场实拍等方式，找到各类门窗的更多资料，并以小组为单位制作汇报PPT |

# 任务2　楼梯类

| **任务目标** | |
|---|---|
| 应知理论 | 了解楼梯的基础知识，掌握相关材料的种类、性能和规格 |
| 应会技能 | 掌握根据实际情况选用合适楼梯的能力。 |
| 应修素养 | 筑牢"职业阶梯"走好发展之路 |
| **任务分析** | |
| 任务描述 | 了解楼梯的概念，学习掌握楼梯的常见种类、基本性能、主要规格和具体应用，了解使用相关材料的注意要点 |

| 任务重点 | 楼梯的材质类型和应用 |
|---|---|
| 任务难点 | 楼梯的主要技术规格 |
| **任务计划** | |
| 任务点 | 2.1 楼梯主要类型及应用 |
| | 2.2 楼梯选购要点 |
| **任务实施** | |
| 实施步骤 | 发布任务（明确任务目标）—任务分析—任务计划—任务实施—质量检查—评价反馈—能力拓展 |
| 实施要点 | 在学习任务中做好任务分析、观察思考、小组讨论、小组代表发言、知识拓展、课后练习、自我评价、教师评价等环节 |
| 实施建议 | 详见手册使用总览：要求与建议 |

课件：楼梯类　　　　微课：楼梯类

## 2.1　楼梯主要类型及应用

　　楼梯是建筑的垂直交通设施，连通建筑各楼层，也是消防必需的安全通道；对于室内空间来说，楼梯也是复式户型、错层户型和各类多层公共空间的重要功能设施。楼梯最重要的要求是安全、便捷，但同时装饰得当的话，楼梯会成为空间中非常引人注目的一个亮点。

拓展学习：楼梯主要类型及应用　　动画：木饰面和石材饰面楼梯

　　简要的楼梯主要类型与应用见表 6-2，完整版扫描二维码进行学习。

表 6-2　楼梯主要类型与应用（简）

| 楼梯造型类型 |
|---|
| 直梯；弧形楼梯；旋梯 |
| **楼梯材质类型** |
| 纯木结构楼梯；钢筋混凝土结构打底楼梯；钢结构打底楼梯；钢结构组合楼梯 |

| 楼梯技术规格 | |
| --- | --- |
| （1）基本结构 | 1）踢面＋踏面＝1个踏步（即台阶）；<br>2）多个踏步组合成1跑楼梯；<br>3）通常2跑楼梯＋1个休息平台＝1层楼梯（直梯），如果是弧形或旋转楼梯就没有休息平台；<br>4）钢筋混凝土楼梯需要有承重梁；钢结构楼梯要做好承重结构；旋转楼梯需要有中心承重柱 |
| （2）细部结构 | 楼梯的构件非常多，主要包括将军柱、大柱、小柱栏杆、扶手、踏板、立板、柱头、柱尾、连件等 |
| （3）楼梯坡度 | 室内楼梯的坡度多控制在20°～40°，30°左右最佳 |
| | 楼梯的坡度越缓，横向距离越大 |
| （4）踏步尺寸 | 踏步的宽度在280～300 mm最为舒适 |
| | 踏步的高度应为150～170 mm |
| （5）楼梯宽度 | 梯段宽度一般应为800～900 mm；公共空间楼梯大多必须保证双人以上通行自如，所以双人梯段宽度一般为1 100～1 500 mm |
| （6）栏杆扶手 | 栏杆高出踏步900～1 000 mm |
| | 栏杆中到中距离不能大于300 mm，有小孩的空间栏杆的间隔一般控制在110 mm以下，也可以考虑采用整体式栏杆 |
| | 钢化玻璃栏杆，最好使用10＋10（mm）的夹层钢化玻璃 |

## 2.2 楼梯选购要点

成品楼梯价格的档次很多，从几千元到十几万元的楼梯都有。具体选购需要从楼梯类型、材料类型、尺寸设计和其他几个方面进行考虑，扫描二维码进行学习。

拓展学习：楼梯选购要点

### 成长小贴士6-2

#### 什么是"职业阶梯"

优秀的专业能力和职业品格，就是室内设计从业者的"职业阶梯"，筑牢"职业阶梯"才能不断拓展职业发展的广度和深度，并不断挑战新的高度，成就个人价值，为室内设计行业的不断发展贡献自己的力量；这也是响应党的二十大号召，深入贯彻"人才是第一资源、创新是第一动力"的具体行动要求。

★ **素养闪光点**：筑牢"职业阶梯"，走好发展之路。

| 质量检查 |
|---|
| **思考与练习** |
| 1. 是否了解和掌握楼梯的性能、规格和基本用法？<br>2. 是否了解楼梯的选购要点？ |
| **岗课赛证** |

<table>
<tr><td>扫描二维码进行本任务岗课赛证融通习题的答题，或进入网络平台获取更丰富的学习内容</td><td><br>岗课赛证习题</td></tr>
</table>

| 评价反馈 | | | |
|---|---|---|---|
| 学生<br>自评 | 1. 是否掌握楼梯常见种类、性能和规格？□是　□否 | | |
| | 2. 是否了解楼梯的选购要点？□是　□否 | | |
| | | 学生签名：　　　　　　 | 评价日期： |
| 教师<br>评价 | 教师评价意见： | | |
| | | 教师签名：　　　　　　 | 评价日期： |
| 学习<br>心得 | | | |

| 能力拓展 |
|---|
| 通过互联网、现场实拍等方式，找到各类楼梯的更多资料，并以小组为单位制作汇报 PPT |

# 任务3　钢材类

| 任务目标 | |
|---|---|
| 应知理论 | 了解钢材与钢结构的基础知识，掌握相关材料的种类、性能和规格 |
| 应会技能 | 掌握根据实际情况选用合适的钢材与钢结构材料的能力 |
| 应修素养 | 具有不怕吃苦、不惧磨炼的职业态度，明白百炼方可成钢 |
| **任务分析** | |
| 任务描述 | 了解钢材与钢结构的概念，学习掌握相关材料的常见种类、基本性能、主要规格和具体应用，了解使用相关材料的注意要点 |

| 任务重点 | 钢结构的种类与应用 |
|---|---|
| 任务难点 | 钢材的概念和性质 |
| **任务计划** | |
| 任务点 | 3.1 钢和不同类型的钢材 |
| | 3.2 钢材选购要点 |
| **任务实施** | |
| 实施步骤 | 发布任务（明确任务目标）—任务分析—任务计划—任务实施—质量检查—评价反馈—能力拓展 |
| 实施要点 | 在学习任务中做好任务分析、观察思考、小组讨论、小组代表发言、知识拓展、课后练习、自我评价、教师评价等环节 |
| 实施建议 | 详见手册使用总览：要求与建议 |

课件：钢材类　　　微课：钢材类

# 3.1 钢和不同类型的钢材

我们经常说"恨铁不成钢""百炼成钢"等，那么铁和钢到底有什么区别，铁如何炼成钢，钢比铁好在哪里？简要版的钢的基础知识和不同类型的钢材见表 6-3，扫描二维码学习完整版。

拓展学习：钢的和不同类型的钢材

表 6-3　钢的基础知识和不同类型的钢材（简）

| **铁和钢** | | |
|---|---|---|
| （1）概念 | 生铁、钢、熟铁等都属于铁碳合金，区别主要在于含碳量的多少，生铁＞钢＞熟铁，简单来说是含碳量越多越脆，越少越软，而钢则软硬适中。炼钢主要就是将生铁中的碳减少到合适含量的过程 | |
| （2）具体分析 | 生铁 | 含碳量为 1.7% 以上，硬而脆，很容易损坏 |
| | 钢 | 含碳量为 0.2% ～ 1.7%，既有较高的强度，又有一定的韧性 |
| | 熟铁 | 含碳量小于 0.2%，软，容易变形，用途不广 |
| **钢** | | |
| （1）概念 | 以其较低的价格、可靠的性能成为世界上使用最多的材料之一，是建筑业、制造业和人们日常生活中不可或缺的成分 | |

| | | |
|---|---|---|
| （2）分类 | 1）含碳量 | 低碳钢；中碳钢；高碳钢 |
| | 2）合金量 | 低合金钢；中合金钢；高合金钢 |
| | 3）编号 | Q235 钢；Q345 钢；Q390 钢；Q420 钢；20 MnTiB 钢 |
| | 4）品质 | 按有害杂质硫（S）、磷（P）的多少，可分为普通钢、优质钢、高级优质钢 |
| | 5）功能性 | 包括合金结构钢、钢筋钢、渗碳钢、氮钢、表面淬火用钢、易切结构钢、冷塑性成形用钢等 |
| （3）工艺 | | 锻钢；铸钢；热轧钢；冷轧钢 |
| **钢结构用钢** | | |
| （1）概念 | | 钢结构是由钢制材料组成的结构，是建筑结构类型之一。其自重较轻，且施工简单，广泛应用于大型厂房、场馆、超高层等领域。钢结构容易锈蚀，一般钢结构要除锈、镀锌或涂料，且要定期维护 |
| （2）种类 | | 工字钢；H 型钢；T 型钢；槽钢；角钢；钢板；圆钢管；方钢管等 |
| **钢筋混凝土结构用钢** | | |
| （1）概念 | | 用于各类混凝土结构的钢筋和钢绞线等 |
| （2）种类 | | 包括热轧钢筋、预应力混凝土用热处理钢筋、预应力混凝土用钢丝和钢绞线等。热轧钢筋分为光圆钢筋和带肋钢筋 |
| **不锈钢** | | |
| （1）概念 | | 是不锈耐酸钢的简称，以不锈、耐腐蚀性为主要特性，铬含量至少为 10.5%，碳含量最大不超过 1.2% |
| （2）种类 | | 200 系列；300 系列；400 系列 |
| | | 其中 300 系列最适合用于食品级接触，如 306、308 不锈钢 |

## ■ 3.2　钢材的选购要点

　　扫描二维码学习钢结构用钢（规格和尺寸、钢材质量、表面处理、建造工艺、成本和交货期等）和不锈钢的选购要点（不锈钢类型、表面状态、厚度、质量等）。

拓展学习：钢材的选购要点

### 📢 知识链接 6-1

#### 不锈钢的发现和应用

　　不锈钢是生活中常用的材料，性能突出、功能强大、使用广泛。扫描二维码学习不锈钢的发现和应用。

知识链接：不锈钢的发现和应用

### 如何成为优秀的室内设计从业者

只有经过不断的磨炼，才能成为真正的能工巧匠，对于室内设计从业者而言也是如此，只有不断学习、不断探索、不断创新，才能成长为一名优秀的室内设计师。

首先，室内设计从业者需要不断学习新的设计理念和技术；其次，室内设计从业者需要不断地进行实践和探索；最后，室内设计从业者需要与行业内其他设计师进行交流和合作，通过与其他设计师的交流和合作，可以得到更多的设计灵感和建议，同时也能够认识到自己的不足之处，并及时调整自己的设计思路和方法。

百炼方可成钢，室内设计从业者需要在不断地学习、实践、探索和交流中磨砺自己，才能成长为一名真正优秀的室内设计师。

★ **素养闪光点：百炼方可成钢。**

| 质量检查 |
|---|
| **思考与练习** |
| 1. 是否了解和掌握钢的基本概念和钢材的主要种类和基本用法？<br>2. 是否了解钢材的选购要点？ |
| **岗课赛证** |

| 扫描二维码进行本任务岗课赛证融通习题的答题，或进入网络平台获取更丰富的学习内容 | <br>岗课赛证习题 |
|---|---|

| **评价反馈** | | | |
|---|---|---|---|
| 学生<br>自评 | 1. 是否掌握钢的基本概念和钢材的主要种类和基本用法？ □是　□否 | | |
| | 2. 是否了解钢材的选购要点？ □是　□否 | | |
| | | 学生签名： | 评价日期： |
| 教师<br>评价 | 教师评价意见： | | |
| | | 教师签名： | 评价日期： |
| 学习<br>心得 | | | |

| 能力拓展 |
|---|
| 通过互联网、现场实拍等方式，找到各类钢结构用钢、钢筋混凝土用钢和不锈钢的更多资料，并以小组为单位制作汇报 PPT |

# 任务4　门窗、楼梯施工要点及注意事项

| 任务目标 | |
|---|---|
| 应知理论 | 了解门窗、楼梯施工要点和相关的注意事项 |
| 应会技能 | 具备掌握门窗、楼梯施工的基本管理能力 |
| 应修素养 | 打开心灵之窗，入好职业之门 |
| **任务分析** | |
| 任务描述 | 通过了解门窗、楼梯工程施工的基本流程、要点和相关的注意事项，掌握初步的门窗、楼梯施工基本管理能力 |
| 任务重点 | 门窗施工基本流程 |
| 任务难点 | 楼梯施工要点和注意事项 |
| **任务计划** | |
| 任务点 | 4.1　门、窗安装施工 |
| | 4.2　楼梯安装施工 |
| **任务实施** | |
| 实施步骤 | 发布任务（明确任务目标）—任务分析—任务计划—任务实施—质量检查—评价反馈—能力拓展 |
| 实施要点 | 在学习任务中做好任务分析、观察思考、小组讨论、小组代表发言、知识拓展、课后练习、自我评价、教师评价等环节 |
| 实施建议 | 详见手册使用总览：要求与建议 |

课件：门窗、
楼梯施工要点
及注意事项

微课：门窗、
楼梯施工要点
及注意事项

## ■ 4.1　门、窗安装施工

扫描二维码学习门窗安装施工流程［包括成品木门安装施工流程（基层清理、尺寸确认、门框安装、门扇安装）和铝合金门窗安装施工流程（基层清理、尺寸确认、门窗框安装、铝合金门窗安装）］，以及其他一些注意事项。

拓展学习：门、窗安装施工

## ■ 4.2　楼梯安装施工

扫描二维码学习楼梯安装施工流程［包括木楼梯施工流程（测量设计、准备材料、组合安装、验收保养）和钢结构楼梯施工流程（测量设计、定制制造、组合安装、验收保养）］，以及其他一些注意事项。

拓展学习：楼梯安装施工流程

### 🔊 成长小贴士 6-4

#### 认识门窗安装工程的重要性

在室内装饰工程中，门窗安装工程是一个非常重要的环节。对于从业者而言，掌握门窗安装的技能和知识可以提升其职业能力，进而有益于职业成长。

其中的一个要点是要了解不同类型门窗的安装方式和特点。不同类型的门窗需要采用不同的安装方法，如子母门、推拉门、防火门、玻璃门等，每种门窗的安装方式和特点都有所不同。从业者需要具备较强的门窗安装知识和技能，能够根据实际情况合理选择门窗，并掌握其正确的安装方法，保证安装质量和使用效果。

此外，从业者还应该注重材料的选择和质量控制。门窗的材料质量直接影响到其使用寿命和安全性，从业者需要了解门窗材料的性能特点和质量标准，选择符合要求的优质材料，确保门窗的品质和安全性。

总之，门窗安装工程对于室内装饰工程来说非常重要，从业者需要掌握门窗安装的技能和知识，了解不同类型门窗的特点和安装方式，注重材料的选择和质量控制，以提高自身职业能力和专业水平，实现职业成长。

★ **素养闪光点：打开心灵之窗，入好职业之门。**

| 质量检查 |
|---|
| **思考与练习** |
| 1. 是否了解和掌握门窗的施工流程、要点和要求？<br>2. 是否了解和掌握楼梯的施工流程、要点和要求？ |
| **岗课赛证** |

| | |
|---|---|
| 扫描二维码进行本任务岗课赛证融通习题的答题，或进入网络平台获取更丰富的学习内容 | 岗课赛证习题 |

| 评价反馈 | | |
|---|---|---|
| 学生<br>自评 | 1. 是否熟悉门窗、楼梯施工的基本流程？ □是　□否 | |
| | 2. 是否了解门窗、楼梯施工的基本要点？ □是　□否 | |
| | 学生签名：　　　　　　评价日期： | |
| 教师<br>评价 | 教师评价意见： | |
| | 教师签名：　　　　　　评价日期： | |
| 学习<br>心得 | | |

| 能力拓展 |
|---|
| 　仔细观察日常生活中的室内外空间，收集各类门窗、楼梯安装施工的具体案例，并以小组为单位制作汇报PPT |

# 项目7 软装材料

"轻装修、重装饰"是现代室内设计的重要趋势，因为相比硬装，软装具有更加灵活、更方便搭配组合、更方便更换等特点，也更注重室内空间的实用性、舒适性和氛围感的营造。在这种趋势下，软装设计越来越受到人们的关注。

软装设计是指对室内空间进行布局和陈设，通过配饰、家具、窗帘等软性元素，使空间具有温馨、舒适、个性化的特点。软装设计强调室内空间的个性化，注重细节、色彩搭配、材质选择、空间感受等方面，使空间更加具有生活气息和舒适感。在轻装修、重装饰的趋势下，软装设计成为提高室内空间质量和价值的重要手段之一。软装设计可以根据不同的风格和需求，选择合适的布局、家具和配饰，使空间更具有个性和魅力。同时，软装设计也可以通过优雅的细节和质感，使空间更具有品质感和舒适感。

软装设计的基本流程包括对空间的功能需求进行分析、对空间进行概念设计、选择家具、装饰品和配饰、对空间进行布置和陈设、进行细节处理和调整。通过精心的设计和布置，软装设计可以让室内空间更加舒适、温馨、时尚和个性化。

# 任务 1  地毯、窗帘与布艺

| 任务目标 | | |
|---|---|---|
| 应知理论 | 了解地毯、窗帘与布艺的基础知识,掌握相关材料的种类、性能和规格 | |
| 应会技能 | 掌握根据实际情况选用合适的地毯、窗帘与布艺的能力 | |
| 应修素养 | 提高审美能力,发挥艺术创造力 | |
| **任务分析** | | |
| 任务描述 | 了解地毯、窗帘与布艺的概念,学习掌握相关材料的常见种类、基本性能、主要规格和具体应用,了解使用相关材料的注意要点 | |
| 任务重点 | 地毯、窗帘的常见种类和应用 | |
| 任务难点 | 地毯的材质规格 | |
| **任务计划** | | |
| 任务点 | 1.1  地毯、窗帘与布艺主要类型及应用 | |
| | 1.2  地毯、窗帘与布艺选购要点 | |
| **任务实施** | | |
| 实施步骤 | 发布任务(明确任务目标)—任务分析—任务计划—任务实施—质量检查—评价反馈—能力拓展 | |
| 实施要点 | 在学习任务中做好任务分析、观察思考、小组讨论、小组代表发言、知识拓展、课后练习、自我评价、教师评价等环节 | |
| 实施建议 | 详见手册使用总览:要求与建议 | |

课件:地毯、
窗帘与布艺

微课:地毯、
窗帘与布艺

## ■1.1  地毯、窗帘与布艺的主要类型及应用

在室内软装设计中,地毯、窗帘和布艺是非常重要的元素,它们能够起到装饰和调和室内氛围的作用,能够为整个空间增添温馨、舒适和美感。

简要版的地毯、窗帘与布艺的主要类型及应用见表 7-1,完整版扫描二维码进行学习。

拓展学习:地毯、窗帘与布艺的主要类型及应用

表 7-1　地毯、窗帘和布艺的主要类型与应用（简）

| 地毯 | | |
|---|---|---|
| （1）概念 | 地毯是铺贴于地面的纺织类软性材料，抗风湿、吸声、降噪、隔热、保温，具有美丽的纹理和质地，装饰性非常好 | |
| （2）应用 | 小块的地毯可以用于客厅沙发处、卧室、休闲空间，用于局部点缀 | |
| | 整铺的地毯一般应用于强调"温和且柔软"和"安静无噪声"的空间环境，如酒店宾馆的走廊一般必须铺贴地毯 | |
| （3）分类 | 全毛地毯、化纤地毯、混纺地毯、橡胶地毯等 | |
| （4）保养 | 避光、通风防潮、防污除尘、防变形等 | |
| **窗帘** | | |
| （1）概念 | 窗帘是指用于遮盖窗户或作为室内装饰的一种材料，通常由织物、纱网、塑料、金属等材料制成，包括百叶窗、罗马帘、卷帘、落地窗帘、吊帘等，不同的窗帘种类适用于不同的窗户形状和房间风格 | |
| （2）应用 | 遮挡视线、保护室内隐私性；阻挡阳光、控制光线、营造室内暗环境；装点室内空间、配合营造室内整体装饰氛围 | |
| （3）分类 | 材质分类　布艺纺织 | 棉纱布、涤纶布、涤棉混纺、棉麻混纺、无纺布等 |
| | 其他 | 此外还可以是纱网、木质、竹制、塑料、金属等 |
| | 功能 | 遮光帘、透光帘、高温定型窗帘、隔热保温窗帘、防紫外线窗帘、单向透视窗帘、卷帘、隔音帘、天棚帘、天幕帘、百叶帘、罗马帘、木制帘、竹制帘、金属帘、风琴帘、水波帘、立式移帘等 |
| | 动力 | 手动窗帘和电动窗帘 |
| | 风格 | 北欧式、古典欧式、古典中式、新中式、现代简约、日式、美式、东南亚式等 |
| （4）窗帘盒 | 明装 | 明装窗帘盒主要是罗马杆、明装轨道盒等 |
| | 暗装 | 暗装窗帘盒一般是与吊顶相结合的方式进行隐藏安装 |
| **布艺** | | |
| （1）概念 | 布艺是室内软装设计中的另一个重要元素，包括各类纺织类软装材料。选择布艺时需要考虑材质、颜色、图案和质地等因素，同时也需要考虑布艺的搭配和协调，以达到整体的和谐和美感 | |
| （2）分类 | 布艺沙发、靠垫、枕头、床品、墙面织物、地垫、桌布等 | |

## ■ 1.2　地毯、窗帘与布艺选购要点

　　扫描二维码学习地毯的选购要点（鉴定材质、密度弹性、防污能力等）、窗帘的选购要点（材质、风格、颜色、功能、尺寸等）和布艺的选购要点（布料质量、颜色搭配、布料花纹、尺寸与风格、品牌与价格等）。

拓展学习：地毯、窗帘与布艺选购要点

## 设计师需要提高审美能力

作为室内设计师，良好的审美能力是非常重要的。审美能力不仅涉及对美学的理解和欣赏，还包括了对色彩、比例、材质、空间布局等方面的敏锐感知和判断力。

那么如何提高自己的审美能力呢？首先，多了解不同的文化和艺术形式，包括绘画、雕塑、建筑等。同时也可以多去参观博物馆、画廊和展览，以拓展自己的视野和审美范围。此外，设计师还可以通过不断的学习和实践来提升自己的审美能力，如观察周围的自然景观和建筑环境，从中获得灵感和启示，或不断尝试新的材料和布局方式，从实践中不断摸索和总结经验。

★ **素养闪光点**：提高审美能力，发挥艺术创造力。

| 质量检查 | | |
|---|---|---|
| **思考与练习** | | |
| 1. 是否了解和掌握地毯、窗帘和布艺的材质、类型和应用？<br>2. 是否了解地毯、窗帘和布艺的选购要点？ | | |
| **岗课赛证** | | |
| 扫描二维码进行本任务岗课赛证融通习题的答题，或进入网络平台获取更丰富的学习内容 | | 岗课赛证习题 |
| **评价反馈** | | |
| 学生<br>自评 | 1. 是否掌握地毯、窗帘和布艺的常见种类、性能和规格？□是　□否 | |
| | 2. 是否了解地毯、窗帘和布艺的选购要点？□是　□否 | |
| | 学生签名：　　　　　　　评价日期： | |
| 教师<br>评价 | 教师评价意见： | |
| | 教师签名：　　　　　　　评价日期： | |
| 学习<br>心得 | | |
| **能力拓展** | | |
| 通过互联网、现场实拍等方式，找到各类地毯、窗帘和布艺的更多资料，并以小组为单位制作汇报PPT | | |

# 任务 2 装饰品与绿植

| 任务目标 | |
|---|---|
| 应知理论 | 了解装饰品与绿植的基础知识，掌握相关材料的种类、性能和规格 |
| 应会技能 | 掌握根据实际情况选用合适装饰品与绿植的能力 |
| 应修素养 | 理解人与自然和谐相处，是中国人的生活智慧和生命哲学 |
| **任务分析** | |
| 任务描述 | 了解装饰品与绿植的概念，学习掌握相关材料的常见种类、基本性能、主要规格和具体应用，了解使用相关材料的注意要点 |
| 任务重点 | 装饰品的类型和应用 |
| 任务难点 | 绿植的类型和应用 |
| **任务计划** | |
| 任务点 | 2.1 装饰品与绿植主要类型及应用 |
| | 2.2 装饰品与绿植选购要点 |
| **任务实施** | |
| 实施步骤 | 发布任务（明确任务目标）—任务分析—任务计划—任务实施—质量检查—评价反馈—能力拓展 |
| 实施要点 | 在学习任务中做好任务分析、观察思考、小组讨论、小组代表发言、知识拓展、课后练习、自我评价、教师评价等环节 |
| 实施建议 | 详见手册使用总览：要求与建议 |

课件：装饰与绿植　　微课：装饰与绿植

## ▪2.1 装饰品与绿植主要类型及应用

装饰品和绿色植物在室内软装设计中扮演着非常重要的角色。它们能够为室内空间增添生气和个性，并且能够提高室内环境的质量。

简要版的装饰品与绿植的主要类型与应用见表 7-2，完整版扫描二维码进行学习。

拓展学习：装饰品与绿植主要类型及应用

表 7-2 装饰品与绿植的主要类型与应用（简）

| 装饰品 | |
|---|---|
| （1）概念 | 装饰品是室内设计的点缀，能够增加室内的趣味性和情趣，突出主题和风格，提高生活品质 |

| （2）分类 | 摆件、装饰画、相框、雕塑、饰品、灯具 |
|---|---|
| **室内绿色植物** | |
| （1）概念 | 绿色植物能够调节室内空气湿度和净化空气，还能够放松眼睛和大脑、给人带来舒适和放松的感受 |
| （2）品种 | 绿萝、吊兰、虎皮兰、龟背竹、发财树、天堂鸟、水仙、芦荟、仙人掌、各类多肉植物等 |

## ▉2.2 装饰品与绿植选购要点

扫描二维码学习装饰品的选购要点（风格搭配、尺寸比例、材质质量、颜色搭配、价位考虑等）和室内绿植的选购要点（光照条件、湿度要求、空间大小、根系健康、风格搭配等）。

拓展学习：装饰品与绿植选购要点

### 🔊 知识链接 7-1

#### 中国盆景艺术

中国盆景艺术是一种传统的园艺艺术，通过在盆中栽培植物，并对其进行修剪和造型，营造出一种独特的自然景观。盆景艺术在室内设计中也广泛应用，可以用来增加空间层次感、营造自然氛围、改善室内环境等（图 7-1）。

知识链接：中国盆景艺术

图 7-1 中国盆景艺术

### 🔊 成长小贴士 7-2

#### "天人合一"——关注人与自然的和谐相处

中国传统民居建筑中的天人合一思想是指将建筑融入自然环境和人文背景中，使建筑与自然、人文和谐共存，达到天人合一的境界。这一思想源于中国古代哲学思想中的天人合一观念，即认为自然与人类是一个整体，天地、人类相互关联，相互依存，共同构成了世界的整体。因此，建筑的设计和建造应该尊重自然环境，遵循自然规律，同时考虑人类的需求和文化背景。

天人合一的思想在中国传统民居建筑中具有重要意义，它强调了自然与人类之间的相互关系，提醒人们在建筑设计和建造过程中要尊重自然环境，追求与自然和谐共生的方式。

★ 素养闪光点：人与自然和谐相处，是中国人的生活智慧和生命哲学。

| 质量检查 |
|---|
| **思考与练习** |
| 1. 是否了解和掌握装饰品及绿植的概念和常见品种？<br>2. 是否了解装饰品及绿植的选购要点？ |
| **岗课赛证** |
| 扫描二维码进行本任务岗课赛证融通习题的答题，或进入网络平台获取更丰富的学习内容 <br><br>岗课赛证习题 |
| **评价反馈** |

| 学生<br>自评 | 1. 是否掌握装饰品及绿植的常见种类、性能和规格？□是　□否 |
|---|---|
| | 2. 是否了解装饰品及绿植的选购要点？□是　□否 |
| | 学生签名：　　　　　　　评价日期： |
| 教师<br>评价 | 教师评价意见： |
| | 教师签名：　　　　　　　评价日期： |
| 学习<br>心得 | |

| 能力拓展 |
|---|
| 通过互联网、现场实拍等方式，找到各类装饰品及绿植的更多资料，并以小组为单位制作汇报 PPT |

# 任务 3　软装布置要点及注意事项

| 任务目标 | |
|---|---|
| 应知理论 | 了解软装布置要点和相关的注意事项 |
| 应会技能 | 掌握软装布置的基本管理能力 |
| 应修素养 | 具有人文情怀和职业理想；为了更美好的生活而设计 |
| **任务分析** | |
| 任务描述 | 通过了解软装布置的基本流程、要点和相关的注意事项，掌握初步的软装布置基本管理能力 |
| 任务重点 | 地毯施工基本流程 |

| 任务难点 | 地毯施工要点 | | |
|---|---|---|---|
| **任务计划** | | | |
| 任务点 | 3.1　地毯施工和窗帘安装 | | |
| | 3.2　室内装饰品和绿植布置 | | |
| **任务实施** | | | |
| 实施步骤 | 发布任务（明确任务目标）—任务分析—任务计划—任务实施—质量检查—评价反馈—能力拓展 | | |
| 实施要点 | 在学习任务中做好任务分析、观察思考、小组讨论、小组代表发言、知识拓展、课后练习、自我评价、教师评价等环节 | | |
| 实施建议 | 详见手册使用总览：要求与建议 | | |

课件：软装布置要点及注意事项　　微课：软装布置要点及注意事项　　软装布置要点及注意事项全部插图

## ■ 3.1　地毯施工和窗帘安装

地毯分为小块地毯和整铺地毯两类，这里主要是指整铺地毯的施工。窗帘的安装需要注意尺寸的计算和窗帘盒的处理。扫描二维码进行相关知识的详细学习。

拓展学习：地毯施工和窗帘安装　　动画：顶棚暗装窗帘盒构造

## ■ 3.2　室内装饰品与绿植布置

扫描二维码学习室内装饰品布置要点（整体风格、布置区域、色彩搭配、空间感、功能性等）和室内绿色植物布置要点（种类、容器、生长环境、位置、搭配、养护等）以及其他一些注意事项（图7-2、图7-3）。

拓展学习：室内装饰品与绿植布置

图7-2　协调布置软装陈设

图 7-3　合理点缀室内绿植

### 软装设计的作用与意义

软装设计是室内设计中重要的一环，它可以通过搭配地毯、窗帘、布艺、绿色植物等元素，使室内空间更加温馨舒适、美观大方。所以，即将成为室内设计师的同学们，不但要充分把握硬装材料与工艺的方方面面，也需要对软装有一定的理解，而根本的目的，就是通过我们的设计，让人们的生活更加美好。

★ 素养闪光点：为了更美好的生活而设计。

| 质量检查 | | |
|---|---|---|
| **思考与练习** | | |
| 1. 是否了解和掌握地毯施工和窗帘安装流程与要点？<br>2. 是否了解室内装饰品和绿植的布置要点？ | | |
| **岗课赛证** | | |
| 扫描二维码进行本任务岗课赛证融通习题的答题，或进入网络平台获取更丰富的学习内容 | <br>岗课赛证习题 | |
| **评价反馈** | | |
| 学生<br>自评 | 1. 是否掌握地毯施工和窗帘安装流程与要点？□是　□否 | |
| | 2. 是否了解室内装饰品和绿植的布置要点？□是　□否 | |
| | 学生签名：　　　　　　评价日期： | |
| 教师<br>评价 | 教师评价意见： | |
| | 教师签名：　　　　　　评价日期： | |
| 学习<br>心得 | | |
| **能力拓展** | | |
| 通过互联网、现场实拍等方式，找到各类地毯施工、窗帘安装、装饰品和绿植布置的更多资料，并以小组为单位制作汇报PPT | | |

# 参 考 文 献

[1] 张峰，陈雪杰. 室内装饰材料应用与施工［M］. 北京：中国电力出版社，2009.

[2] 李军，陈雪杰. 室内装饰装修施工完全图解教程［M］. 北京：人民邮电出版社，2015.

[3] 周康，秦培晟，谭惠文. 装饰材料与施工工艺［M］. 苏州：江苏大学出版社，2018.

[4] 王翠凤. 室内装饰材料设计与施工［M］. 北京：中国电力出版社，2022.

[5] 王玉江. 建筑装饰材料［M］. 北京：中国建筑工业出版社，2021.

[6] 吕从娜，惠博. 装饰材料与施工工艺［M］. 北京：清华大学出版社，2020.